Amal Toumi
Mounir Frija

Otimização e Simulação da Impressão 3D de Implantes Médicos

Amal Toumi
Mounir Frija

Otimização e Simulação da Impressão 3D de Implantes Médicos

Simulação de impressão em metal para próteses da anca e do joelho

ScienciaScripts

Imprint
Any brand names and product names mentioned in this book are subject to trademark, brand or patent protection and are trademarks or registered trademarks of their respective holders. The use of brand names, product names, common names, trade names, product descriptions etc. even without a particular marking in this work is in no way to be construed to mean that such names may be regarded as unrestricted in respect of trademark and brand protection legislation and could thus be used by anyone.

Cover image: www.ingimage.com

This book is a translation from the original published under ISBN 978-620-6-72630-2.

Publisher:
Sciencia Scripts
is a trademark of
Dodo Books Indian Ocean Ltd. and OmniScriptum S.R.L publishing group

120 High Road, East Finchley, London, N2 9ED, United Kingdom
Str. Armeneasca 28/1, office 1, Chisinau MD-2012, Republic of Moldova, Europe
Printed at: see last page
ISBN: 978-620-8-26557-1

Índice

RESUMO

Neste livro, levamo-lo ao vasto e inovador mundo do fabrico de aditivos e das suas aplicações, com destaque para o fabrico de implantes médicos por fusão a laser com base em pó. É explorada a simulação numérica do processo SLM/LBM numa haste femoral de superliga Titan Ti-6Al-4V utilizando o software **Simufact Additive** e é estudada a aplicação da otimização topológica utilizando estruturas de rede num componente femoral de uma prótese de joelho utilizando o software **nTopology** e validada por análise estática utilizando o software **ANSYS**.

CAPÍTULO 1: REVISÃO DA LITERATURA

CAPITULO 1: ESTUDO BIBLIOGRÁFICO

1 Introdução

1.1. Antecedentes do fabrico aditivo

- **Impressão 3D: Os primeiros anos**

A impressão 3D, tecnicamente conhecida como fabrico aditivo, foi introduzida em meados da década de 1980 por Charles Hull [1]um engenheiro americano. Trata-se simplesmente de um processo de obtenção de peças funcionais. No entanto, ao contrário dos processos tradicionais de fabrico subtrativo, em que o material é retirado de um bloco para obter a forma desejada (maquinagem, fresagem, etc.), a impressão 3D cria o objeto depositando o material sucessivamente camada a camada, com base num modelo digital. Hull conseguiu fabricar um pequeno copo de plástico polimerizando camadas sucessivas de resina líquida com um laser ultravioleta [2]. Esta foi a primeira camada na história do fabrico aditivo. Esta revolucionou o domínio da produção industrial, permitindo uma maior flexibilidade de conceção, a redução dos resíduos e a personalização dos produtos.

- **A necessidade é a mãe da invenção**

As tecnologias de fabrico inovadoras são essenciais para responder aos desafios enfrentados pela indústria, tais como a redução dos custos de produção, a necessidade de conceber peças complexas que sejam simultaneamente leves e de elevado desempenho e a procura crescente de produtos personalizados. O fabrico aditivo provou ser a resposta. Ela oferece uma solução particularmente adequada. Com esta técnica, a forma e a geometria deixam de ser um obstáculo. A FA surgiu em resposta a necessidades específicas de vários sectores, como a indústria automóvel, a indústria aeroespacial e a indústria médica. Abriu a porta a novos designs, por exemplo, peças de inspiração biológica, tais como estruturas de rede para garantir a osteointegração de implantes no corpo humano. Assim, o fabrico aditivo representa não só uma revolução tecnológica, mas também uma resposta pragmática às exigências actuais, provando que a necessidade estimula a inovação. No entanto, carece de uma retrospetiva científica e de um bom conhecimento destes parâmetros por parte dos utilizadores.

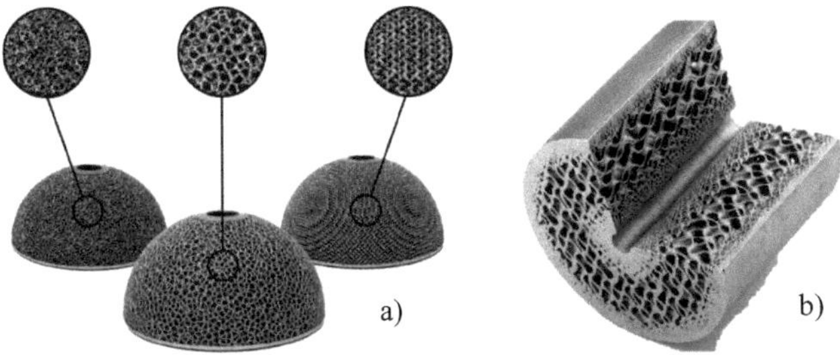

Figura 1: a) Implante ortopédico em diferentes estruturas reticulares utilizando o software nTopology; b) Geometria complexa que não é possível obter com as tecnologias de fabrico convencionais.

1.2. Fabrico aditivo de metal SLM

Podem ser utilizadas várias tecnologias de AF para produzir peças metálicas, mas o fabrico aditivo por fusão a laser é atualmente o mais utilizado na indústria. Existem dois tipos de processos de FA por fusão a laser: o primeiro é a "fusão/sinterização a laser por projeção de pó", que consiste em fundir a superfície de uma peça metálica utilizando um laser e, simultaneamente, projetar material em pó na área, e o segundo é a "fusão/sinterização num leito de pó", que consiste em fundir o material, que é depositado camada a camada para formar um leito de pó. Esta técnica tem várias designações na literatura: **fusão por feixe laser (LBM)** ou **fusão/sinterização selectiva por laser (SLM/SLS), fusão em leito de pó por laser (LPBF), etc.** É particularmente adequado para aplicações topo de gama. Dois sectores parecem já estar a tirar o máximo partido dela: o biomédico e o automóvel, enquanto um terceiro domínio de aplicação está a emergir: as peças de voo para a indústria aeroespacial.

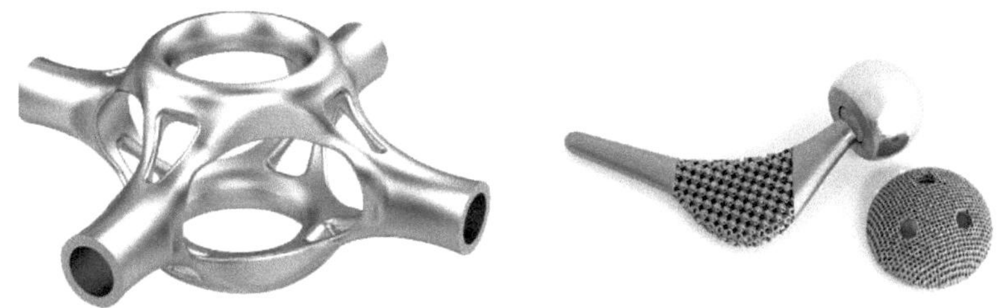

Figura 2: Peças fabricadas por SLM: a) Gimbal do motor b) Prótese da anca

- **Princípio e metodologia geral do processo SLM**

A fusão selectiva a laser (SLM/LBM) é um processo simples de fabrico de peças metálicas. Como em qualquer técnica de fabrico, este processo envolve uma cadeia de operações. Estas podem ser resumidas nas cinco sequências apresentadas na **Fig.1.**

1. Conceber um modelo digital 3D do produto a fabricar utilizando um software CAD e convertê-lo num ficheiro STL.
2. O processo de fabrico começa com a fusão das partículas de metal com a fonte de laser, antes de o rolo aplicar uma nova camada de pó.
3. São depositadas camadas sucessivas de material até ser atingida a espessura necessária e o objeto estar totalmente impresso.
4. O tratamento térmico é necessário para atenuar as tensões residuais na peça metálica.
5. Separação da peça arrefecida do tabuleiro e remoção dos suportes e das partículas de pó não fundido.

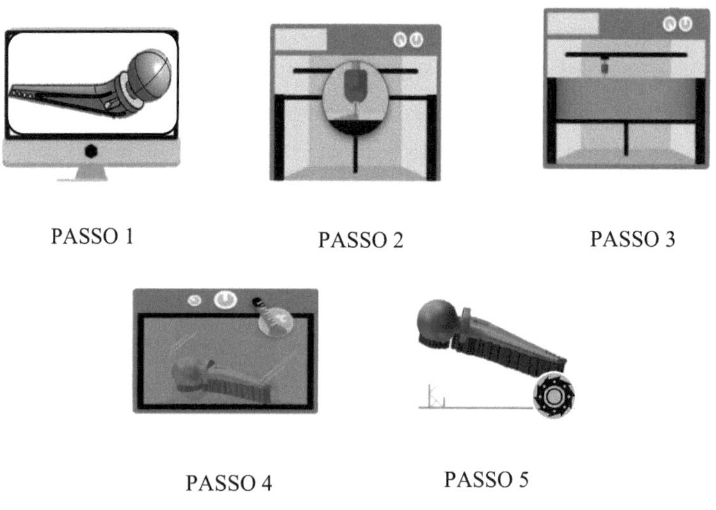

Figura 3: Fase de fabrico SLM

As máquinas SLM utilizam geralmente lasers de fibra ou de díodo. As partículas de pó metálico, que têm uma dimensão entre 15 e 45 µm, são colocadas num recinto controlado (atmosfera inerte) para evitar a oxidação: o gás é geralmente árgon/nitrogénio. [3]. **As figuras 4** e **5** mostram uma máquina de impressão por fusão a laser 3d (CETIME).

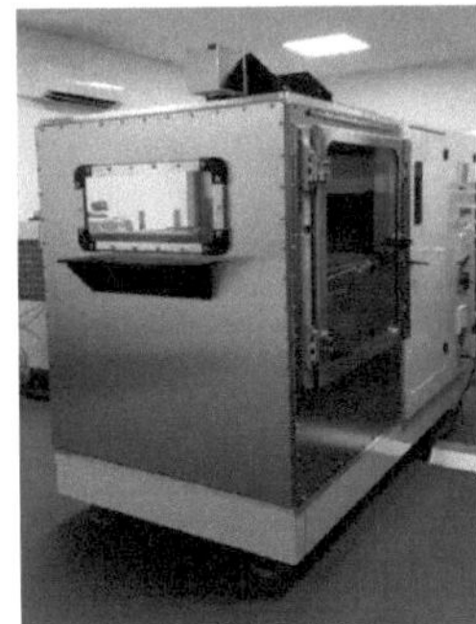 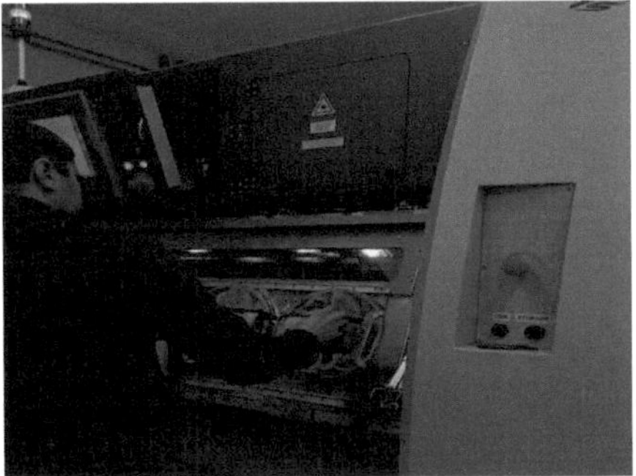

Figura 4: Máquina de fabrico aditivo em leito de pó

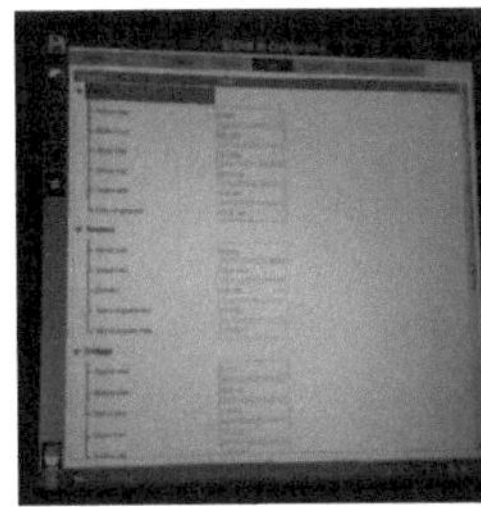 

Figura 5: Tabela de configuração da máquina de fabrico aditivo a laser

- **Materiais**

O fabrico aditivo de metal SLM permite a utilização de vários materiais, cada um com propriedades específicas adaptadas a diferentes aplicações. **A Tabela 1 apresenta** uma gama dos materiais mais utilizados. O titânio é amplamente escolhido para implantes médicos devido a várias propriedades e vantagens importantes. Para além da sua leveza, o titânio é conhecido pela sua biocompatibilidade e resistência à corrosão, particularmente em ambientes biológicos.

Tabela 1: Diferentes materiais utilizados pela SLM

Materiais	Propriedades	Domínios
Titânio	• Resistente • Resistente à corrosão • Luz • Biocompatível • Boa aderência ao osso	Médico (próteses, etc.) Aeroespacial (peças complexas e/ou multifuncionais)
Aço inoxidável	• Boas propriedades mecânicas • Altamente resistente à corrosão	Aeroespacial Prototipagem rápida Ferramentas em aço inoxidável
Cobalto-cromo	• Boas propriedades mecânicas • Resistente ao desgaste • Resistente ao calor	Setor médico (próteses ou coroas dentárias) Turbinas
Alumínio	• Resistente • Luz • Boa condutividade térmica • Baixa densidade	Indústria aeroespacial Motor
Níquel	• Resistência mecânica a altas temperaturas • Resistente à oxidação a quente	Peças de motor
Ligas de cobre	• Boa condutividade eléctrica e térmica	Permutadores de calor

2 Limites

No entanto, como a tecnologia ainda está a dar os primeiros passos, existem muitas restrições e limites a esta liberdade de conceção. O custo de fabrico continua a ser o fator mais limitativo, principalmente devido ao custo das máquinas e à sua baixa produtividade. A necessidade de suportes pode levar a um pós-processamento dispendioso. A qualidade do produto final depende da experiência do fabricante das peças, do pó, dos parâmetros e da máquina utilizada, etc. Por conseguinte, é importante controlar todo o processo. Muitas destas limitações estão a ser gradualmente reduzidas e estamos a assistir a melhorias regulares em termos de produtividade, dimensão da máquina e gama de materiais disponíveis, mas atualmente estas limitações são fortes e podem gerar custos adicionais significativos.

3 Simulação digital: um imperativo

A simulação numérica do processo SLM tornou-se crucial para ultrapassar os desafios relacionados com o processo. Questões técnicas como o controlo dos parâmetros e propriedades mecânicas, a biocompatibilidade e a qualidade da superfície podem ser antecipadas e optimizadas através de modelos numéricos precisos. A simulação também fornece informações rápidas e económicas sobre uma série de aspectos:

- **Esquema de construção:** orientação da impressão, estruturas de apoio necessárias...
- **Deformação de peças:** as deformações e distorções que ocorrem numa peça em resultado de fenómenos termomecânicos...
- **Métricas relevantes para o processo:** tempo de construção, estimativa de utilização de materiais, quantidade prevista de material de apoio, etc.
- **Planeamento do pós-tratamento:** A acumulação de tensões e o pós-tratamento térmico que pode ser necessário para as relaxar.
- **Planeamento de contingência:** Erros que conduzirão a uma falha completa (delaminação da peça do substrato de construção, aparecimento de defeitos ou formação de porosidade).
- **Otimização dos parâmetros:** encontrar o melhor compromisso entre os parâmetros e a qualidade das peças, minimizando os erros de fabrico.

Em função do objetivo, existem essencialmente três escalas de simulação.

- **Escala microscópica:** o modelo simula a interação entre o feixe laser e as partículas de pó
- **Escala mesoscópica:** A modelação é efectuada à escala da deposição de material, na qual é simulada a fusão num leito de pó, a hidrodinâmica na fusão e a tensão térmica.
- **Escala macroscópica:** Este modelo termomecânico trata da transferência de calor e da resposta mecânica (tensões residuais e distorção) à escala da peça (o fluxo de fluido na zona de fusão é ignorado).

4 Conclusão

Este capítulo apresentou um estado da arte geral sobre os processos de fabrico aditivo, com mais pormenores sobre o fabrico LBM. Foram também abordados termos relacionados com a implantação de dispositivos médicos, tais como biocompatibilidade, biomateriais, etc. Foram apresentados os materiais que melhor cumprem estes requisitos de biocompatibilidade, e optámos por trabalhar com uma liga de titânio Ti6Al4V como material de referência devido às suas excelentes propriedades mecânicas, biocompatibilidade e boa resistência à corrosão.

CAPÍTULO 2: MÉTODO DE SIMULAÇÃO NUMÉRICA PARA A IMPRESSÃO DE UMA PRÓTESE DA ANCA

CAPITULO 2: METODOLOGIA DE SIMULAÇÃO DIGITAL PARA A IMPRESSÃO DE UMA PRÓTESE DO QUADRIL

1 Metodologia de simulação

Neste livro, a escala macroscópica é a estudada. Essencialmente, serão tratadas as zonas de concentração de tensões residuais e as distorções existentes na peça no final do processo de fabrico. Em primeiro lugar, será descrito o modelo digital tridimensional do processo produzido com recurso ao software Solidworks®.

Em seguida, o modelo será simulado utilizando o software Simufact Additive® e será efectuado um estudo dos parâmetros da máquina (potência do laser, velocidade de varrimento, espessura da camada).

1.1 Modelo geométrico

O modelo geométrico que vamos estudar, produzido com o software SolidWorks e importado do GRABCAD, é constituído essencialmente por três elementos: uma taça (acetábulo), uma inserção e uma haste femoral **fig.6**.

Componente	Descrição	CAD
Cúpula	Um componente acetabular, de forma hemisférica e incorporado no acetábulo.	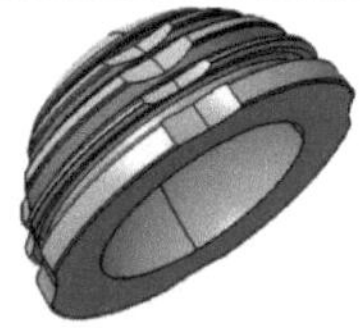
Inserir	Inserir fixo no copo, formando o par de fricção com a esfera na haste.	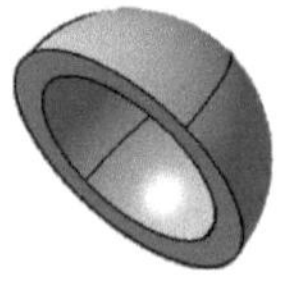

Haste femoral	Componente femoral, constituído por uma haste que termina numa esfera (monobloco), fixada no osso do fémur.	

Apenas a haste femoral da prótese será simulada pelo software Simufact Additive.

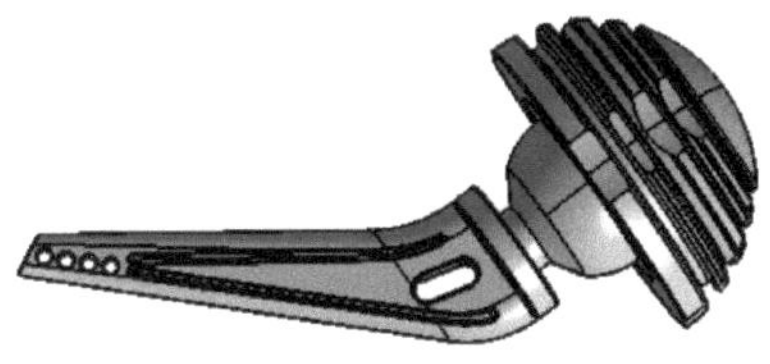

Figura 6 Modelo geométrico do PTH

1.2 Materiais

O titânio e as suas ligas são metais populares para o fabrico aditivo devido à sua elevada força, elevada resistência mecânica, baixa densidade, excelente resistência à corrosão, elevada biocompatibilidade e boa formabilidade (capacidade de sofrer deformação sem danos). [4] O Ti-6Al-4V é uma das ligas α-β fracamente estabilizadas, cuja composição química é apresentada na **Tabela 2.** A resposta ao tratamento térmico desta liga está diretamente relacionada com a quantidade de fase β após a têmpera e a sua instabilidade, apresentando boas propriedades à temperatura ambiente devido ao seu teor de alumínio relativamente elevado. A liga apresenta microestruturas diferentes consoante a via de tratamento térmico ou termomecânico. Este facto confere ao Ti-6Al-4V uma grande variedade de propriedades, nomeadamente mecânicas. [5]

1.2.1 Composição química

Quadro 2: Composição química do titânio Ti6Al4V

elemento	Composição % massa
Alumínio	6
Vanádio	4
Carbono	<0,08
Ferro	<0,3
Oxigénio	<0,2
Nitrogénio	<0,07
Titânio	Base

1.2.2 Propriedades

Tabela 3: Propriedades da liga de titânio [6]

Propriedades físicas e térmicas	Densidade em g/cm^3	4,3
	Temperatura de fusão em °C	1648
	Ponto de transformação: - Transus Beta em °C	1000 °C
	Condutividade térmica em W /m.°C a 20 °C	6,7
Propriedades mecânicas	Módulo de elasticidade em GPA a 20 °C	110
	Módulo de compressão GPa	115 - 121
	Limite de cisalhamento GPA	42
	Rácio de Poisson	0.33
	Módulo de torção em N/mm^2	45000
Proprieda de eléctrica	Resistividade eléctrica em μΩ.cm a 20 °C	170

1.3 Parâmetros e fenómenos do processo

Para obter uma peça saudável e de elevado desempenho, é necessário conhecer, definir e controlar alguns dos principais parâmetros que podem ter maior influência no processo de fabrico. Estes parâmetros podem ser classificados em cinco famílias ilustradas no diagrama da **Fig. 9.** [7]

A interação laser-material do processo LBM dá origem a vários tipos de fenómenos físicos que estão intimamente interligados **figura.7** [7] [8]. Os fenómenos mais dominantes são ilustrados na **figura 8.**

- Térmica (convecção, condução, radiação, fusão e solidificação) ;

- Metalurgia (transformação de fases, evaporação, alterações da composição química, composição dos materiais, estrutura cristalográfica) ;

- Mecânica (deformação, tensão, leis de comportamento).

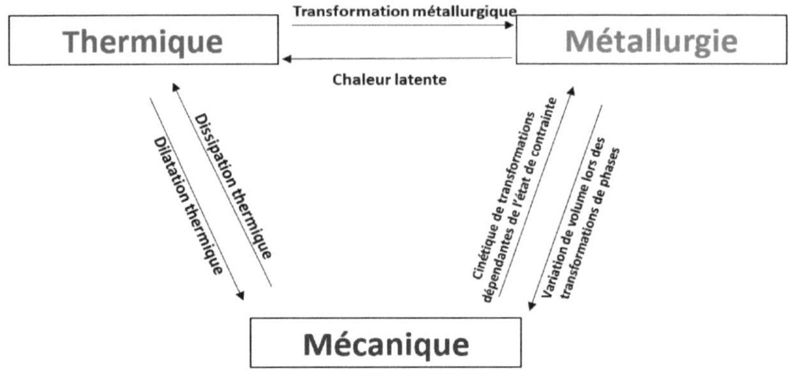

Figura 7A coplamento de fenómenos físicos

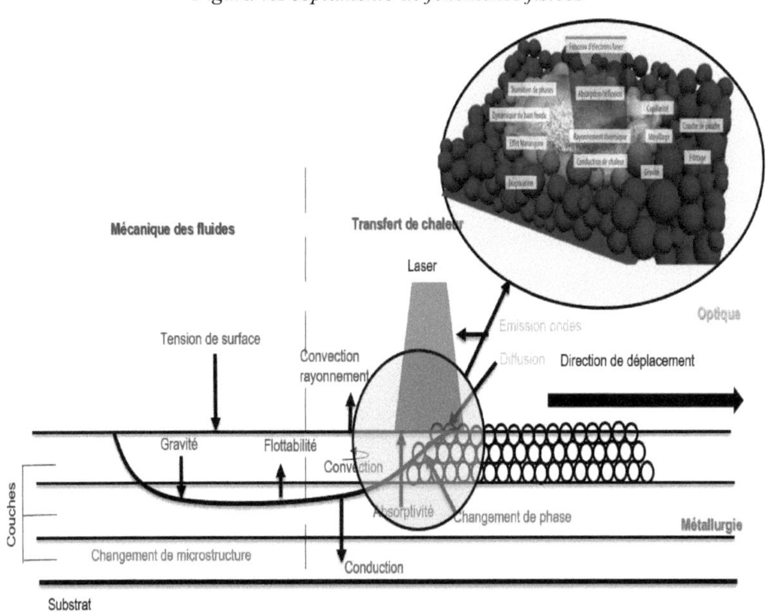

Figura 8 Resumo dos fenómenos físicos envolvidos

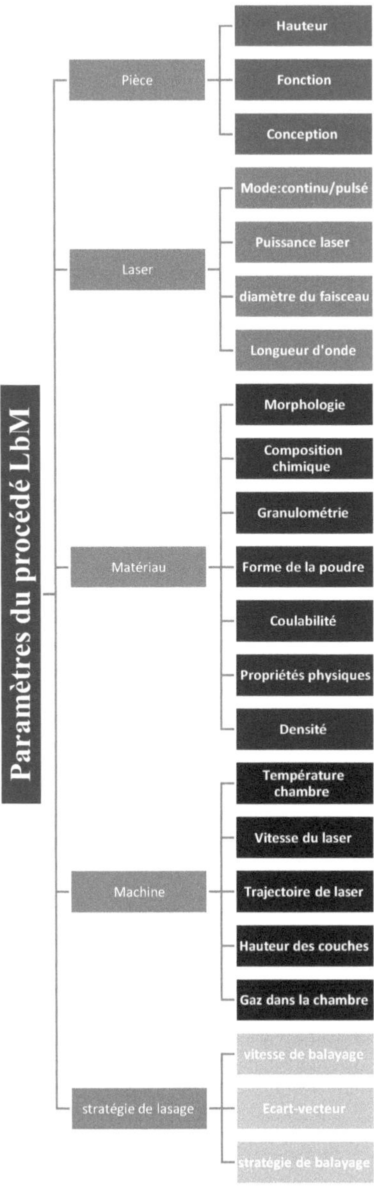

Figura 9: Parâmetros do processo LBM [9]

2 Estudo de caso : Simulação digital de uma prótese da anca

2.1 Escolha do software de simulação

Os programas de simulação para o processo de fusão a laser em leito de pó foram recentemente desenvolvidos com base nas mais recentes investigações sobre a tecnologia de fabrico aditivo por este processo, sendo utilizados para simular a transferência de calor durante o processo e a propagação de calor entre as camadas metálicas, sendo este tipo de simulação utilizado para melhor compreender os ciclos térmicos sofridos pela peça a fabricar; O objetivo é compreender e controlar a deformação das peças durante o fabrico LBM e as tensões residuais causadas pela história termomecânica sofrida durante o processo de fabrico. Exemplos de programas utilizados para este tipo de simulação são "Abaqus", "Simulia", "Amphyon", "Simufact Additive" e "Simufact Additive". Simufact Additive .....

No nosso caso, a simulação será realizada pelo software Simufact Additive, especializado na simulação e otimização de processos de fabrico aditivo SLS e SLM (LBM), fusão/sinterização num leito de pó, tendo em conta a cadeia completa de operações-chave na tecnologia: desde a criação (ou importação) dos suportes, até à impressão da peça 3D, passando pelo tratamento térmico de alívio de tensões (pós-impressão), o corte da peça da placa, o corte dos suportes e o tratamento da porosidade por compressão isostática a quente (CIC/HIP). Permitirá principalmente a previsão das deformações e tensões residuais da peça durante o processo de fabrico aditivo. [10]

2.2 As diferentes fases da simulação

- **Importar a peça**

Como em qualquer técnica de impressão 3D, a simulação de uma peça começa com a importação do modelo 3D (formato .STL), concebido com um software CAD, para o espaço de trabalho do software de simulação. A máquina selecionada é a RENISHAW-AM 250, com um espaço de construção de dimensão (250, 250,300) **[APÊNDICE 1].**

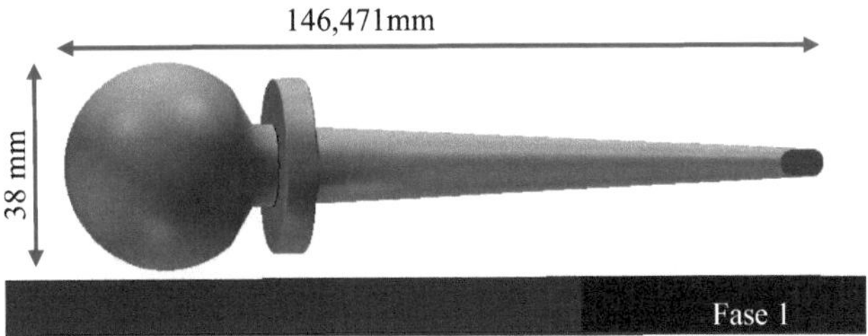

- **Geração de media**

Os suportes de fabrico para impressão 3D são uma parte essencial do processo de conceção. Os suportes permitem construir superfícies da peça orientadas acima de um determinado ângulo, conhecido como ângulo de cantilever, em relação à placa de fabrico ou às superfícies no vazio. Os graus destas saliências dependerão da capacidade de cada impressora 3D para suportar as saliências. Na maioria dos casos, é possível imprimir saliências até 45°. Para além disso, são necessários suportes.

Estes suportes são também utilizados para :

- Suporte temporário para a peça em construção, que será rígida mas frágil durante o processo
- Dissipação de calor ;
- Suporte para superfícies recentemente fundidas,
- Prevenção da deformação da peça devido a tensões residuais ;

[33]O volume do suporte gerado é igual a 16595,3 mm, o que é quase igual a 33% do volume da peça que é 50581,8 mm.

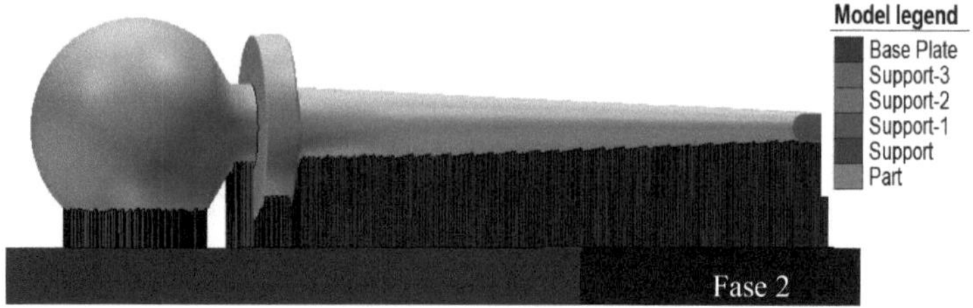

- **Definição do material Ti-6Al-4V**

As propriedades do pó de liga de titânio são apresentadas no quadro seguinte.

Tabela 4 Propriedades do titânio utilizado no Simufact Additive

Densidade	4,41 kg/mm3
Temperatura de fusão	1600 Cº.
Temperatura sólida	1550 Cº.
Calor latente	^{11}4,19 E mm^2/s^2
Tamanho das partículas	15-45μm
Espessura da camada	30 μm

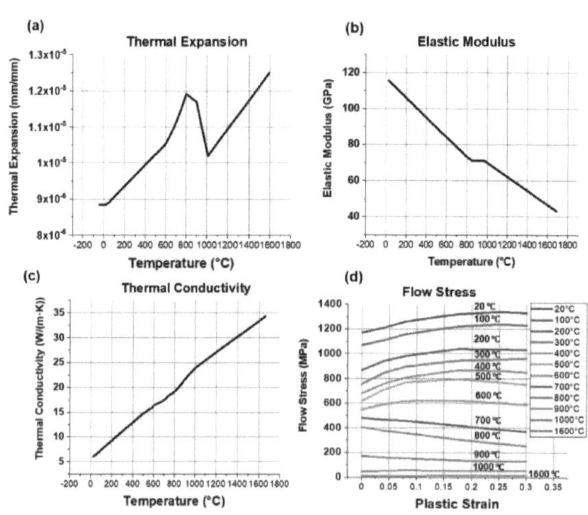

Figura 10 Curvas de propriedades termo-físico-mecânicas para Ti-6Al-4V

- **Definição das fases e dos parâmetros da máquina**

A cadeia de processos no simufact é composta por diferentes etapas e pode ser personalizada em função do utilizador.

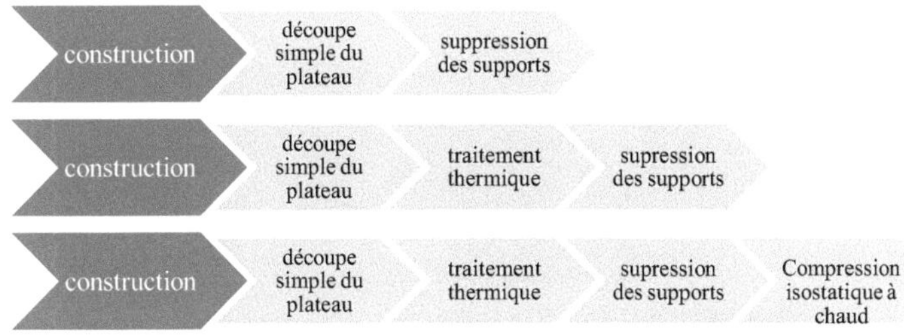

Figura 11 Cadeia do processo aditivo Simufact

O objetivo é, em primeiro lugar, saber quais as zonas mais afectadas por tensões residuais e deformações e em que fase as tensões atingem o seu valor máximo. Assim, é suficiente trabalhar com a cadeia 1, que consiste em depositar as camadas, separar a peça do tabuleiro e depois retirar os suportes.

Tabela 5 Parâmetros da máquina

Espessura da camada (µm)	30
Potência laser (W)	100
Velocidade de varrimento (m/s)	1
Diâmetro do feixe laser (µm)	50

- **Geração da malha da peça**

A geração de malhas pode ser definida como a divisão de um corpo físico em pequenos elementos. No fabrico aditivo, utilizamos voxels (volume+pixels).

No vocabulário, o voxel representa um valor numa grelha regular num espaço tridimensional. São pequenos cubos, dos quais dependerá o número de camadas depositadas para a construção da peça. Algumas investigações sobre o efeito dos voxels nos resultados mostraram que, à medida que o tamanho do elemento voxel aumenta, a quantidade de distorção calculada diminui. Os cubos, neste caso, têm **1 mm** de tamanho. Os resultados do número de voxels gerados para cada elemento são apresentados na tabela.

Figura 12Voxel em Simufact aditivo

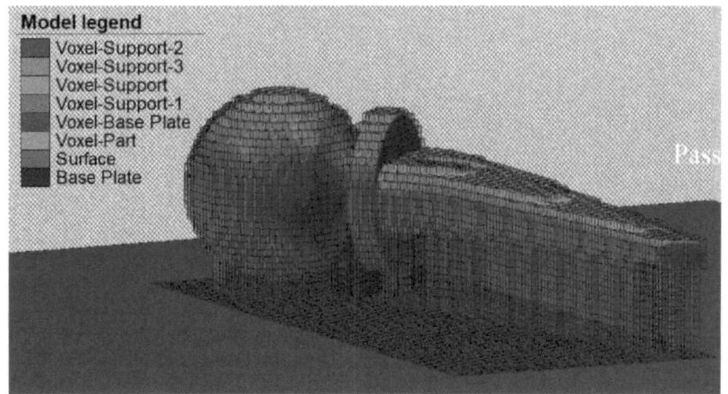

Figura 13 Peça com malha por voxel

Tabela 6Número de voxels para cada elemento

voxels na sala	17120
Voxel do tabuleiro de construção	3920
voxels de suporte	7832
voxels de apoio 1	308
suportar 2 voxels	215
voxels de suporte 3	850

o número de camadas produzidas é igual a 28 camadas.

- **Lançamento do cálculo e interpretação dos resultados**

Uma vez concluídas todas as etapas, resta apenas executar a simulação e passar à fase de análise e interpretação dos resultados.

3 Resultados da simulação

3.1 simulação sem pós-processamento

Os resultados obtidos para a análise da distribuição das tensões e da deformação mostram que os valores máximos são atingidos aquando da maquinação da peça a partir do painel de construção, o que pode ser explicado pelo abrandamento súbito das tensões quando a peça é separada do painel. A peça, que anteriormente estava sob tensão, é realinhada mecanicamente, o que pode causar deformação e um aumento das tensões medidas. O valor máximo da tensão é de 1330,36 MPa e o valor máximo da distorção é de 5,34 mm.

Observando as figuras, as tensões induzidas na peça no final da construção são mais elevadas ao nível dos suportes fixados à placa. Após a remoção dos suportes e da placa, as tensões estão intensamente localizadas na cabeça femoral. Este fenómeno é devido aos efeitos das tensões de compressão geradas pela cabeça (peso máximo), que contrabalançam as tensões residuais de tração geradas durante o fabrico aditivo para criar um equilíbrio na peça.

A deformação da peça fabricada, gerada pelas tensões residuais e pela maquinagem (corte da placa e remoção dos apoios), em comparação com a peça inicial, é claramente mostrada na Figura 14. Esta deformação tem um impacto na resistência mecânica da peça. Estas deformações são mais intensas na cabeça do que na parte inferior do fuste. Isto pode ser justificado pelo facto de a cabeça femoral gerar as tensões residuais máximas.

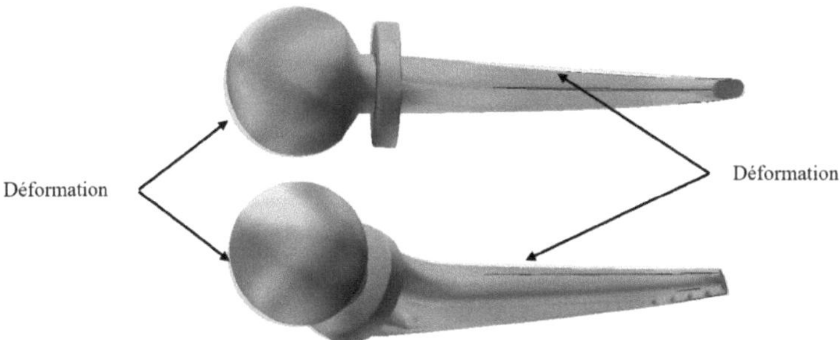

Figura 14Deformação da peça fabricada em relação à peça final

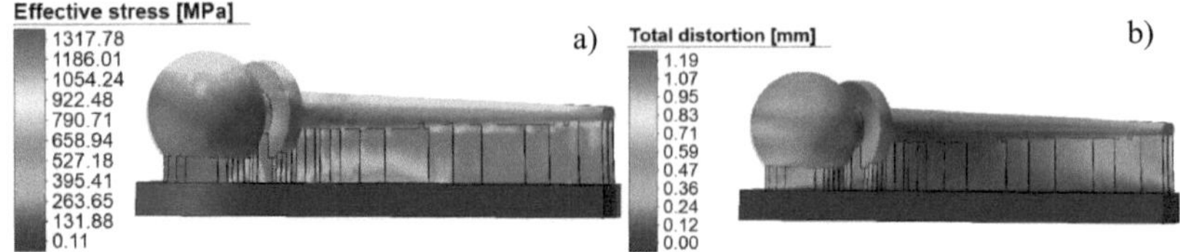

Figura 15Estado de tensão (a) e distorção (b) na peça no final da construção.

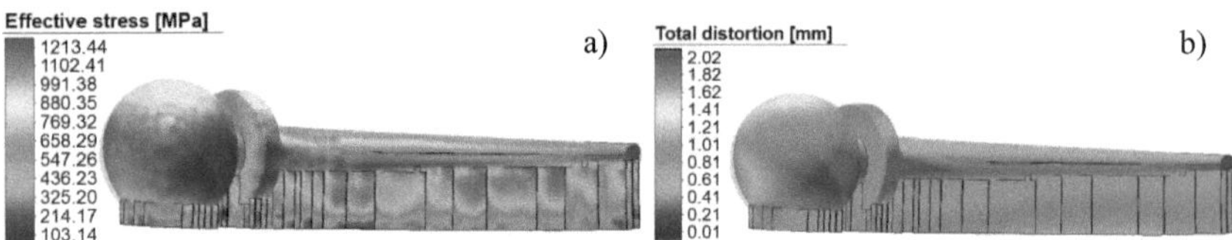

Figura 16 Estado de tensão (a) e distorção (b) na peça após o corte da placa.

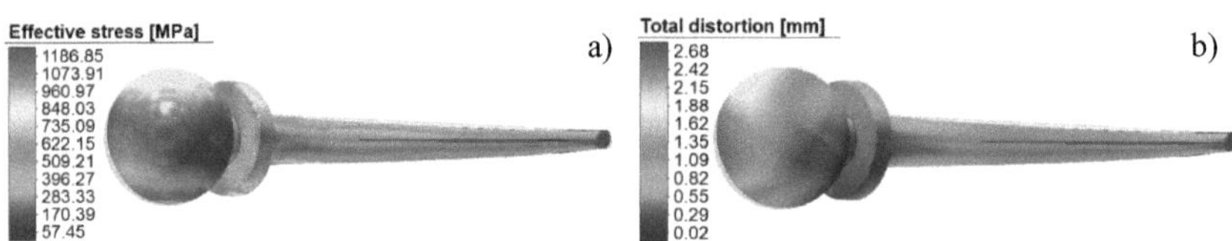

Figura 17 Estado de tensão (a) e distorção (b) na peça após a remoção dos suportes

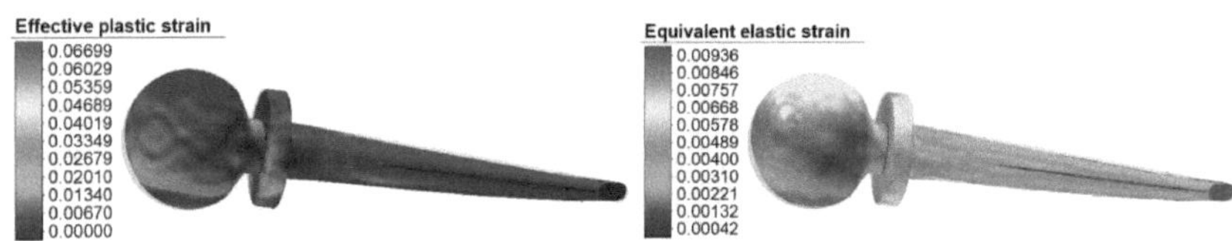

Figura 18 Caraterísticas da peça final

Quadro 7: Quadro de avaliação dos efeitos induzidos com base nas fases de fabrico

	Após a construção	**Após a maquinagem**	**Após a remoção dos suportes**
Tensão efectiva máxima (MPa)	1317,78	1330,36	1186,85
Distorção máxima (mm)	1,19	2,08	2,68
Tensão de cisalhamento máxima (MPa)	625,34	603,83	581,18
Tensão de cisalhamento min (MPa)	-623,17	-669,69	-547,32

É necessário compreender as tensões residuais geradas durante a fusão a laser de pós metálicos, de modo a encontrar formas de as reduzir ou minimizar. Estas são tensões internas que existem, de forma auto-equilibrada, num corpo livre (sem forças e tensões externas). Podem ser classificadas de acordo com o mecanismo que as gera. [11]

No entanto, a previsão destas tensões e deformações residuais é muito complexa devido às temperaturas locais muito elevadas, aos ciclos rápidos de aquecimento e arrefecimento e à mobilidade da fonte de calor do laser.

Durante o processo SLM, a energia fornecida pelo feixe laser (100W), que avança a uma velocidade de cerca de 1 m/s, é absorvida pelo leito de pó e convertida em calor, que arrefece muito rapidamente (ciclos de expansão das camadas fundidas superiores e de contração das camadas frias inferiores). Este fenómeno produz gradientes de temperatura muito grandes na peça fabricada e, consequentemente, a geração de tensões residuais. Existem 2 tipos de tensões geradas durante a passagem do laser: tensões de compressão na zona afetada pelo calor que provoca a expansão, e tensões de tração na zona circundante. Depois, durante o arrefecimento, o fenómeno inverte-se. A contração da zona arrefecida provoca tensões de tração no seu interior e tensões de compressão à sua volta.

As transformações de fase sofridas pela peça durante o processo, como as transformações de fase alotrópicas (alterações na estrutura cristalina), também induzem tensões residuais, que podem levar à distorção da peça, à redução da resistência mecânica e até ao aparecimento de fissuras.

3.2 Simulação com pós-processamento

As tensões residuais geradas no processo transitório contínuo de fusão e solidificação continuam a ser um grande obstáculo ao fabrico aditivo de peças metálicas de grandes dimensões e de elevado desempenho.

Como resultado, é necessário um pós-tratamento para aliviar as tensões durante ou após o processo de construção da peça. A literatura refere quatro tipos de tratamento térmico que foram testados em titânio Ti-6Al-4V fabricado por fabrico aditivo: [12]

- ✓ Tratamento de relaxamento das tensões ou recozimento
- ✓ Tratamento da solução subtransus
- ✓ Tratamento com solução Supersolvus
- ✓ Tratamento de compressão isostática a quente (HIP / CIC)

O software aditivo Simufact oferece dois tipos de pós-processamento:

- Tratamento térmico por recozimento (700°C durante 3 horas) que melhora certas propriedades mecânicas (alongamento, resistência à fadiga, reduz a dureza, aumenta a ductilidade) e facilita a eliminação das tensões residuais internas.
- A prensagem isostática a quente (CIC/HIP), que consiste em combinar o efeito de uma pressão elevada aplicada por um gás neutro (frequentemente árgon a pressões superiores a 1000 bar) com uma temperatura elevada. Este processo permite reduzir ou mesmo eliminar as porosidades internas e melhorar certas propriedades do material, como as propriedades tribológicas, a resistência à fadiga, a resistência à corrosão, etc.

A realização de um ou vários destes tratamentos térmicos é por vezes indispensável para garantir uma boa geometria e boas propriedades mecânicas da peça fabricada. Por conseguinte, parece necessário estudar os seus efeitos sobre as tensões e as deformações.

3.3 O efeito do tratamento sobre os condicionalismos e as distorções

As condições de tratamento (tempo de ciclo, condições atmosféricas, desempenho do forno) dependem do material a tratar, dos objectivos pretendidos e da aplicação. Estas condições variam enormemente, desde o tratamento ao ar para uma liga de alumínio até ao tratamento em vácuo para uma liga de titânio.

Este estudo simula o efeito do tratamento de recozimento e do tratamento CIC numa peça fabricada por fusão a laser.

As curvas seguintes estão associadas ao tratamento térmico da liga Ti6Al4V:

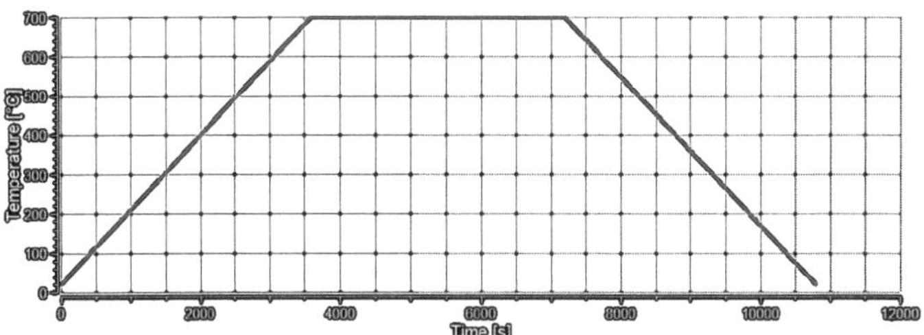

Figura 19 Curva de variação de temperatura para tratamento térmico

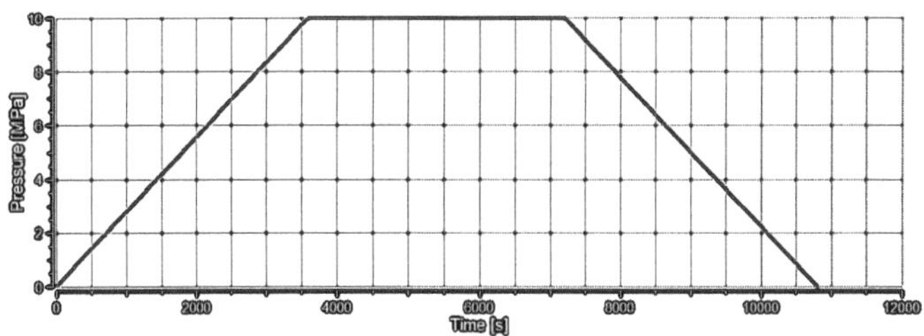

Figura 20 Curva de variação da pressão para o tratamento CIC

Os resultados obtidos após o tratamento são apresentados no quadro seguinte:

Mesa 8 Comparação do efeito do pós-processamento nas tensões e distorções

Peça final	tensão $_{residual}$ (MPa)	Distorção (mm)
Sem tratamento	1186,85	2,68
Com tratamento térmico (TTH)	289,11	6
Com prensagem isostática a quente (CIC)	343,02	2,23
Com CIC+TTH	89,09	14,93

O tratamento térmico pode ser aplicado antes de as peças serem cortadas da placa de fabrico SLM, de modo a manter a geometria durante o corte.

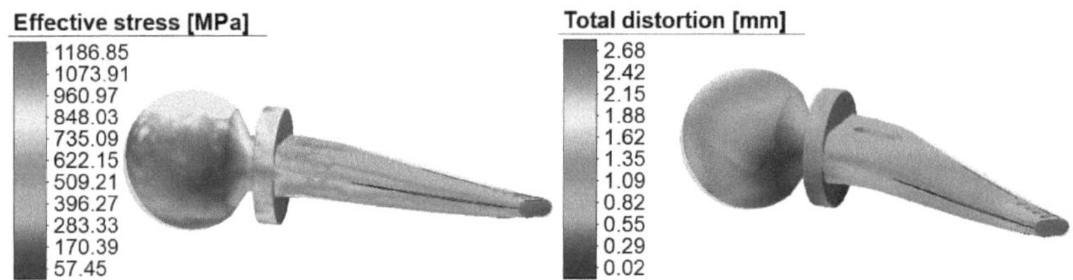

Figura 21 Distribuição de tensões (a) e distorção (b) de uma peça fabricada sem pós-processamento.

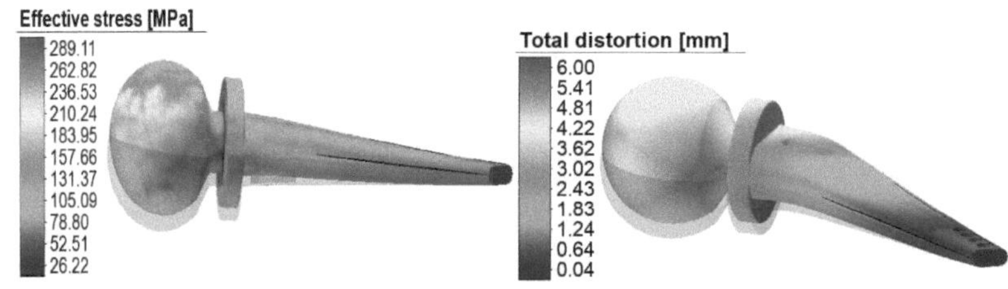

Figura 22 Distribuição de tensões (a) e distorção (b) de uma peça recozida.

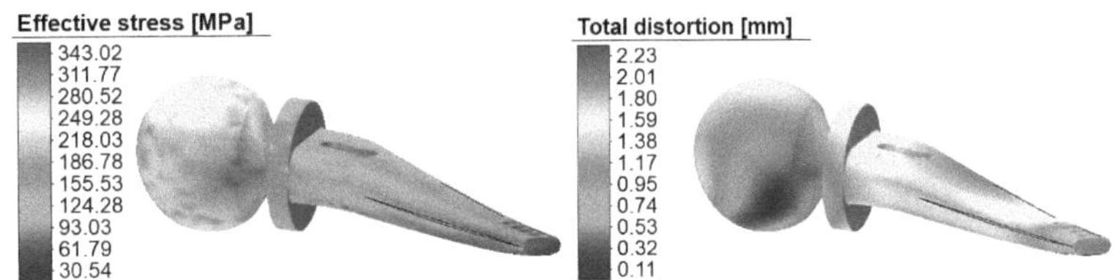

Figura 23 Distribuição de tensões (a) e distorção (b) de uma peça fabricada com CIC.

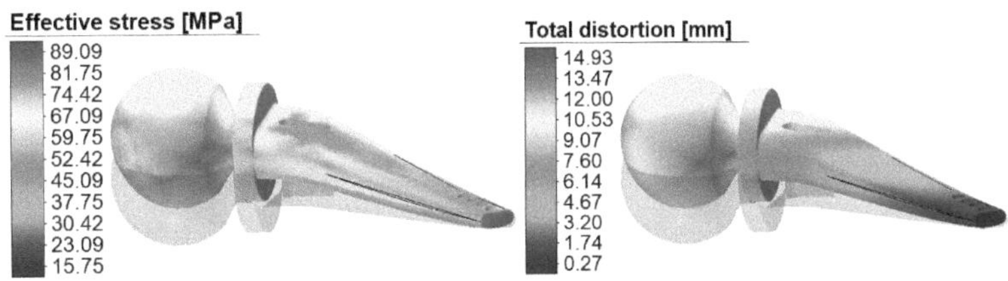

Figura 24 Distribuição de tensões (a) e distorção (b) de uma peça com CIC + Recozimento

Olhando para as figuras acima, podemos ver claramente o efeito do pós-processamento nas tensões e distorções da peça.

- A tensão máxima diminuiu demasiado após o tratamento térmico, mas a distorção aumentou devido ao ciclo térmico.
- A aplicação do tratamento CIC reduz os valores de tensões e distorções, sendo os valores obtidos por este tratamento mais aceitáveis.
- A combinação dos dois tratamentos reduziu os valores de tensão, mas a distorção aumentou consideravelmente.

4 Conclusão

Neste capítulo, os resultados das simulações numéricas efectuadas com o software aditivo Simufact mostram que as tensões induzidas na peça no final da construção são mais elevadas ao nível dos suportes fixados à placa. Estes resultados permitem-nos compreender melhor os fenómenos térmicos e mecânicos envolvidos e a sua influência na qualidade das peças produzidas. Por exemplo, após o corte da chapa e a remoção dos suportes, o valor máximo de tensão é igual a 1186,85 MPa, concentrando-se na cabeça do varão, mas a deformação vai aumentando de etapa para etapa até obtermos uma peça final com um valor máximo final igual a 2,68 mm. Estes valores serão utilizados como base para o estudo paramétrico e otimização no próximo capítulo, de modo a melhorar as condições de funcionamento e a qualidade das peças produzidas.

CAPÍTULO 3: OPTIMIZAÇÃO PARAMÉTRICA DO PROCESSO SLM

CAPITULO 3: OTIMIZAÇÃO PARAMETRICA DO PROCESSO SLM

1 Estudo dos parâmetros do processo

Sabendo que o processo LBM tem mais de 300 variáveis que influenciam o resultado final das peças fabricadas, o nosso objetivo é evoluir apenas alguns parâmetros da máquina de fabrico, a fim de encontrar os que têm maior efeito e encontrar o ótimo que minimiza o campo de tensões e distorções durante o fabrico.

1.1 Plano de experiência

[3]Vamos criar um desenho experimental 2 (três factores a dois níveis). Os factores são definidos da seguinte forma:

- ✓ Espessura da camada de pó $\mathbf{E_{couche}}$
- ✓ Potência do ponto laser $\mathbf{P_{laser}}$
- ✓ Velocidade de varrimento laser $\mathbf{v_{scan}}$

O número de simulações a efetuar é igual a 8 simulações. As combinações possíveis são apresentadas nos quadros seguintes. Para cada fator, associamos os dois níveis seguintes:

Tabela 9 Tabela de factores

FACTOR	Nível baixo (-1)	Nível elevado (+1)
Camada (μm)	30	60
$_{laser}$P (W)	100	200
V_{scan} (m/s)	1	2

Número de simulação	Ecouche	P_{laser}	VScan
Simulação01	-1	-1	-1
Simulação02	-1	-1	+1
Simulação03	-1	+1	-1
Simulação04	-1	+1	+1
Simulação05	+1	-1	-1
Simulação06	+1	-1	+1
Simulação07	+1	+1	-1
Simulação08	+1	+1	+1

Após ter efectuado as simulações necessárias, os resultados extraídos do software Simufact Additive são apresentados no quadro seguinte.

Mesa 10 Quadro de experiência

Número de simulação	Ecouche	P_{laser}	VScan	Máximo $_{residual}$	Distorção máxima
Simulação01	30	100	1	1289,75	3.23
Simulação02	30	100	2	1193	2.60
Simulação03	30	200	1	1304,24	6.30
Simulação04	30	200	2	1252,43	5.10
Simulação05	60	100	1	1210,95	3.14
Simulação06	60	100	2	1194,55	2.46
Simulação07	60	200	1	1302,91	6.10
Simulação08	60	200	2	1254,15	4.87

1.2 Interpretação dos resultados da conceção experimental

O passo seguinte consiste em estudar e determinar os factores mais influentes nos resultados das tensões e das deformações, utilizando ferramentas estáticas como o gráfico de resposta e as técnicas de análise de variância desenvolvidas no software estatístico Minitab®.

O diagrama de pareto mostra que a potência do laser e a velocidade de varrimento têm o maior efeito nas tensões em relação à espessura da camada.

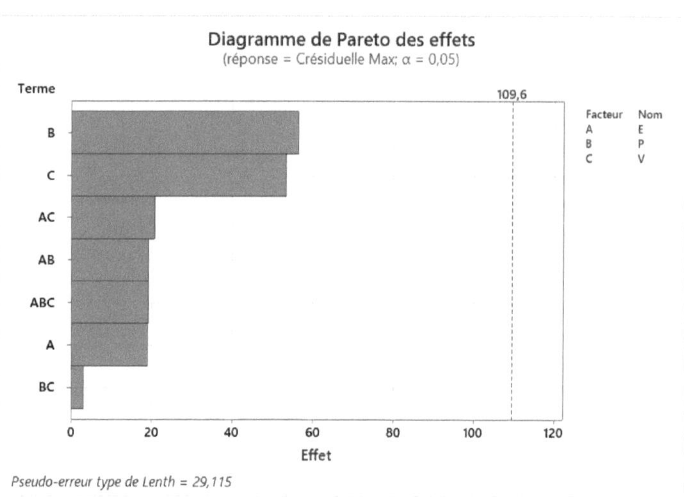

Figura 25Diagrama de Pareto dos efeitos da restrição

Os gráficos dos efeitos principais apresentados na Figura 26 mostram uma ligeira diminuição da tensão residual causada pela variação da espessura da camada do nível baixo para o nível alto, uma maior diminuição quando a velocidade é igual a 2 m/s (nível alto), mas um aumento dos valores de tensão de 100 W para 200 W.

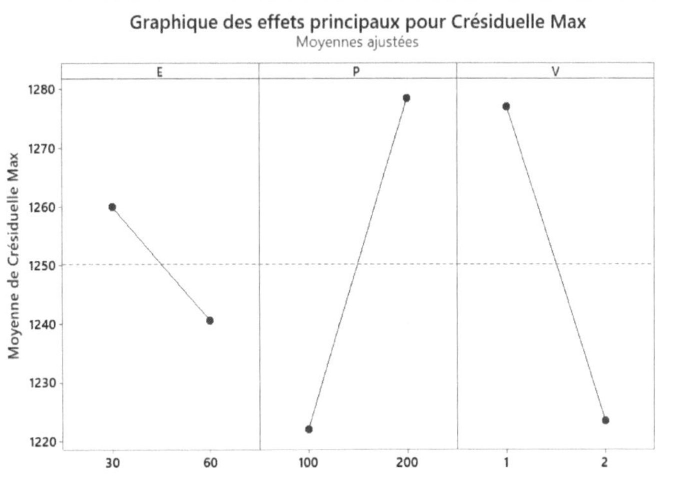

Figura 26 Gráfico de efeitos principais para a restrição

A partir dos diagramas de interação, concluímos que não existe interação entre a potência e a velocidade e que existe uma interação fraca e pouco significativa entre os dois pares Espessura-Velocidade e Espessura-Potência.

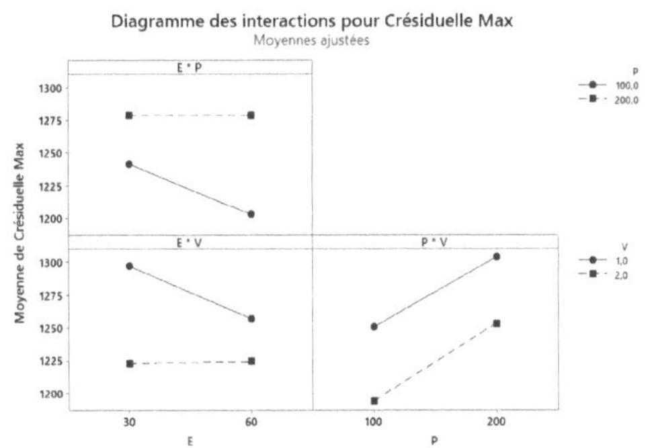

Figura 27Diagrama de interação para a tensão residual máxima

No gráfico de contorno de tensão e V; P, podemos ver que a tensão varia de 1200 MPa a 1300 MPa e podemos deduzir que a resposta de tensão residual mínima é obtida para a potência mínima (100W), a espessura máxima da camada (60 µm) e a velocidade máxima de varrimento (2m/s) - Ver figuras abaixo.

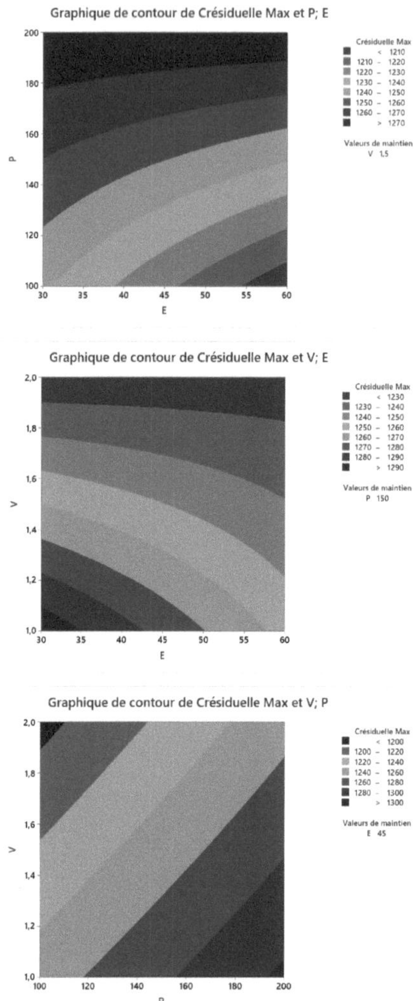

Figura 28: Gráfico de contorno de Crésiduelle

Equação de regressão do stress

Máximo residual = 1731 - 10,46 E - 1,852 P - 299,3 V + 0,05159 E*P + 5,255 E*V + 1,222 P*V - 0,02577 E*P*V

O diagrama de pareto das distorções mostra que depende essencialmente da potência, que é muito superior aos outros factores. A velocidade de varrimento é também um fator que influencia as distorções na sala.

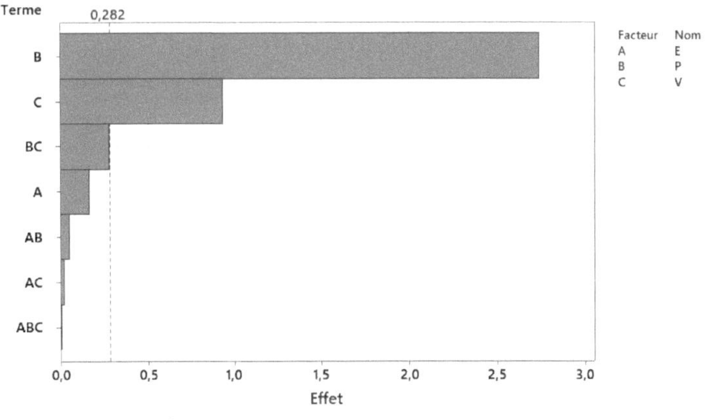

Figura 29: Gráfico de Pareto dos efeitos

Os gráficos dos efeitos principais na Figura 30 mostram que a variação da espessura da camada não tem praticamente qualquer efeito nos valores de distorção. Estes valores diminuem com a diminuição da potência do ponto laser. Um aumento da velocidade de varrimento pode levar a uma diminuição da distorção.

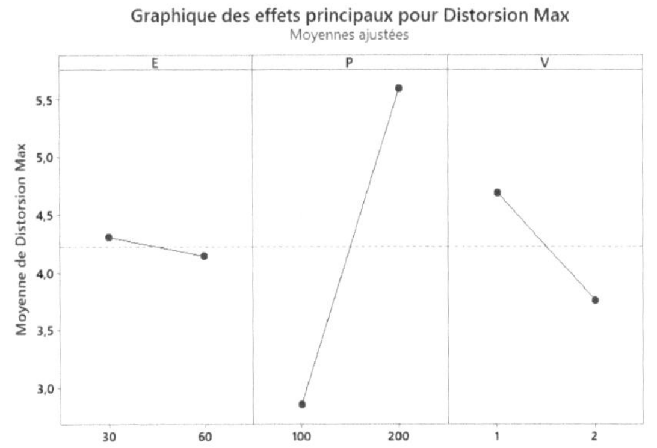

Figura 30: Gráfico de efeitos principais para Distorção Máxima

Os diagramas de interação **da Fig.31** mostram curvas paralelas, o que significa que há pouca ou nenhuma interação entre os diferentes parâmetros.

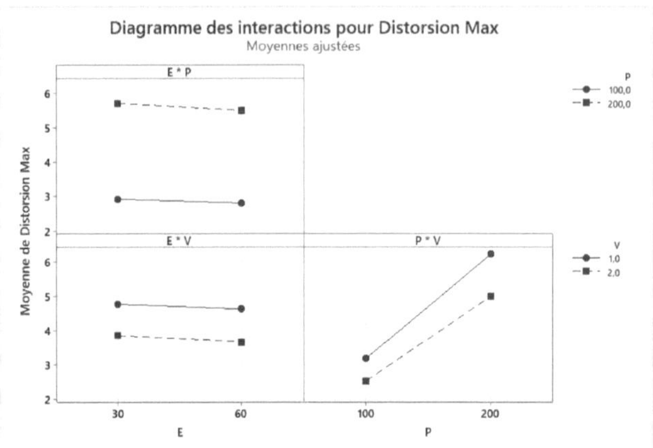

Figura 31: Diagrama de interação para Distorsion Max

o gráfico de contorno da distorção Max e V; mostra uma variação na distorção e pode ver-se que os valores mais baixos são inferiores a 3 mm obtidos para valores de velocidade de varrimento superiores a 1,4 m/s e para a potência laser mínima (100W).

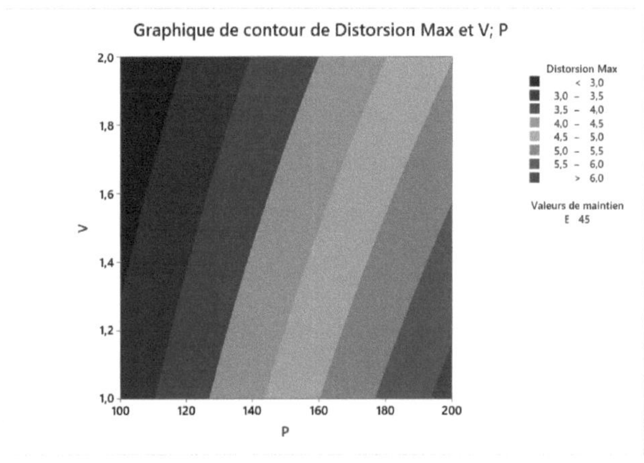

Figura 32: Gráfico de contorno da distorção máxima

Equação de regressão da distorção máxima em unidades não codificadas

Distorção máxima = 0,1300 + 0,003000 E + 0,03770 P + 0,01000 V - 0,000043 E*P - 0,002333 E*V - 0,005900 P*V + 0,000007 E*P*V

2 Resultados

Como mencionado acima, o objetivo é definir a potência/velocidade/espessura de revestimento ideal com base em cálculos do campo de tensões residuais e da distorção da peça. Para tal, as respostas foram optimizadas com o software MiniTab. A otimização das respostas permite identificar a combinação dos parâmetros variáveis que, em conjunto, optimizam a resposta pretendida.

Quadro 11: Quadro de parâmetros

Resposta	Objetivo	Inferior	Objetivo	Superior	Ponderação	Importância
Distorção máxima	Mínimo		2,46	6,30	1	1
Máximo residual	Mínimo		1193,00	1304,24	1	1

Quadro 12: Intervalos de variáveis

Variável	Valores
E	30
P	(100; 200)
V	(1; 2)

Como mostra a **Tabela 13**, verifica-se que a distorção e a tensão residuais mínimas ocorrem para P=100 W, v=2m/s e E= 30 µm, que é, portanto, o valor ótimo.

Quadro 13: Solução

Solução	E	P	V	Distorção máxima Valor ajustado	Valor residual máximo Valor ajustado	Desejabilidade composta
1	30	100	2	2,6	1193	0,981602

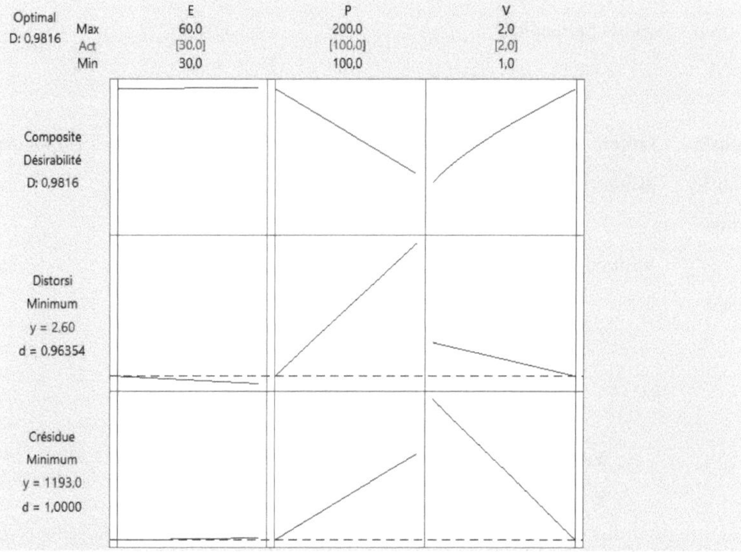

Figura 33: Diagrama de otimização

3 Conclusão

A abordagem paramétrica permite identificar as configurações óptimas que satisfazem os requisitos de desempenho, minimizando os custos e os defeitos. Para o efeito, foi estabelecido um projeto experimental numérico. Foram determinados diversos parâmetros influentes e as suas variações. O objetivo desta conceção experimental era analisar a influência dos parâmetros de processo ligados à máquina (espessura da camada, velocidade do laser) e ligados ao laser (potência do laser). Confirmámos que a potência do laser é o parâmetro com maior influência nos valores de tensão, pelo que deve ser controlado. Para criar peças com boas propriedades mecânicas e boas densidades, a peça fabricada deve ser submetida a pós-tratamentos que ajudarão a relaxar as tensões e a minimizar a porosidade. Os efeitos destes tratamentos sobre as tensões e as distorções foram estudados. Finalmente, foi efectuado um estudo paramétrico para determinar o impacto de três parâmetros do processo de fabrico nas tensões e distorções residuais. Estes parâmetros são a espessura da camada, a potência do laser e a velocidade de varrimento. Este estudo mostra que a potência do laser P=100 W, a velocidade de varrimento v=2m/s e a espessura da camada E= 30 μm são óptimas.

CAPÍTULO 4: OPTIMIZAÇÃO TOPOLÓGICA DE UMA PRÓTESE DE JOELHO PARA FABRICO ADITIVO

CAPITULO 4: OTIMIZAÇÃO TOPOLÓGICA DE UMA PRÓTESE DO JOELHO PARA A FABRICAÇÃO DE ADITIVOS

1 Otimização topológica para fabrico aditivo utilizando SLM

A conceção de peças desenvolvidas para fabrico aditivo é abordada na literatura de muitas formas diferentes. Há exemplos de conceção que envolvem otimização topológica ou paramétrica, a emergência de regras de conceção a partir da caraterização do processo, abordagens que utilizam ferramentas específicas, etc.

Vários estudos em biomecânica ortopédica demonstraram que uma boa conceção das próteses através de uma melhor otimização dos factores de forma (diâmetro, espessura, etc.) pode melhorar a duração de vida dos implantes articulares, daí a tendência para conceber próteses (THR, TKR, etc.) com uma topologia cada vez mais optimizada.

A otimização topológica e o fabrico aditivo são considerados uma combinação perfeita graças à capacidade do FA para produzir peças com geometrias e topologias complexas.

Este capítulo centra-se na otimização topológica de peças para fabrico aditivo. As ferramentas e o software utilizados para realizar este tipo de otimização serão ilustrados através de uma aplicação numa prótese de joelho utilizando o software "ntopology". [13]. Para facilitar e otimizar o tempo de cálculo, assumimos que a peça é simétrica.

1.1 Conceção optimizada em termos de topologia

Na conceção tradicional, um primeiro modelo digital da peça (protótipo virtual) é testado através de diferentes ferramentas de cálculo de simulação digital (mecânica, etc.) para prever o seu desempenho. Após a análise dos resultados dos cálculos, a geometria da peça é então modificada para ser novamente testada digitalmente. Este processo repete-se até se encontrar uma solução que satisfaça as exigências das especificações funcionais iniciais.

A eficiência deste processo de conceção depende, por conseguinte, da capacidade do projetista para encontrar rapidamente soluções adequadas, limitando assim o número de iterações. Esta abordagem de conceção digital assemelha-se frequentemente a um longo processo de tentativa e erro que se esforça por convergir para a solução óptima. Torna-se, portanto, necessário integrar ferramentas mais avançadas e mais fáceis para otimizar este processo de conceção. A otimização da conceção ou otimização topológica é um dos métodos numéricos mais utilizados, especialmente no fabrico de aditivos.

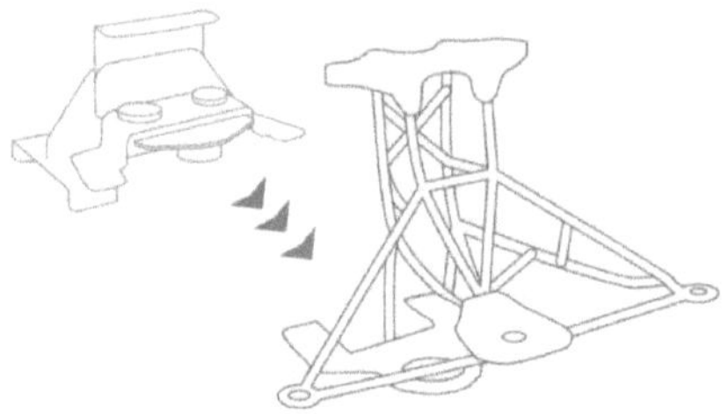

Figura 34: Exemplo de otimização do suporte de montagem

1.2 Estruturas de rede

As estruturas em grelha são configurações bio-inspiradas baseadas em células unitárias repetitivas compostas por tiras ou grelhas com padrões octogonais, em favo de mel ou aleatórios. Os engenheiros devem considerar a utilização destas estruturas topologicamente optimizadas no fabrico de aditivos pelas seguintes razões:

Trata-se de estruturas complexas que não podem ser produzidas com tecnologias de fabrico convencionais. Estas estruturas permitem-nos poupar materiais através da redução do peso. A propriedade de baixa massa com elevada resistência é uma das principais vantagens destas estruturas. [14] Este tipo de estruturas é semelhante às estruturas ósseas fig.35, o que permite uma boa ancoragem óssea (osteointegração) com dispositivos médicos implantáveis. [15] [16]

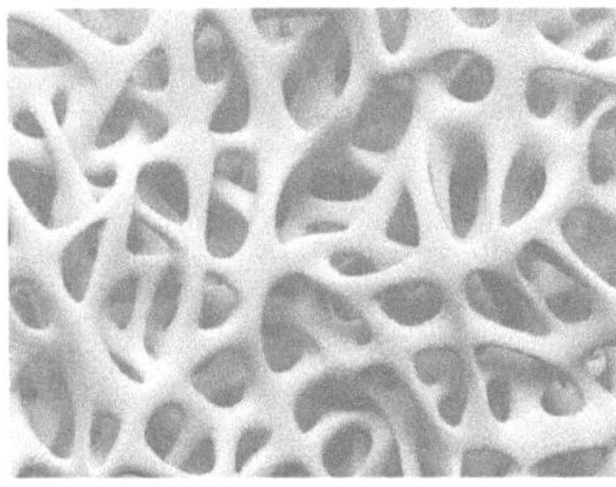

Figura 35: Grande plano da estrutura do osso esponjoso

Figura 36: Diferentes tipos de estruturas de treliça produzidas pelo software nTopology

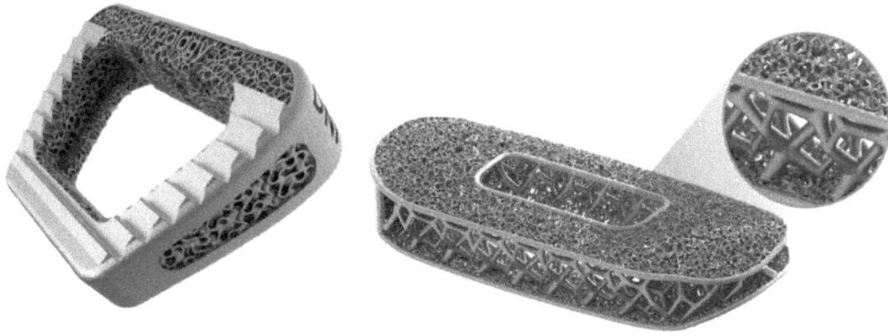

Figura 37: Integração de estruturas de treliça em implantes ALIF utilizando nTopology

1.3 Etapas da otimização topológica

Para otimizar a topologia, o projetista deve passar por uma série de etapas importantes após a execução da simulação e do cálculo. A maior parte delas segue um fluxo de trabalho geral:

a) O primeiro passo é definir o espaço de conceção, também conhecido como "volume autorizado", que pode ser maior do que a peça a ser redesenhada.
b) A segunda fase é a identificação do material: é essencial fazer a seleção necessária dos materiais para cada peça. A otimização topológica depende das propriedades mecânicas dos materiais, que afectam naturalmente a geometria final óptima.
c) O passo seguinte é aplicar restrições geométricas: isto pode ser interpretado como a definição das áreas que não podem ser alteradas durante o processo de otimização. Em termos técnicos, estas regiões são designadas por regiões congeladas. O solucionador deixará estas regiões como estão enquanto remove o material circundante para encontrar a topologia óptima.
d) A etapa seguinte consiste em identificar as tensões mecânicas aplicadas: todas as cargas mecânicas sentidas pela peça devem ser tidas em conta para obter o melhor resultado possível, bem como identificar eventuais tensões acidentais (por exemplo, choques).
e) Em seguida, aplique as restrições e a função objetivo definidas pelo designer para oferecer várias opções de design de peças. Desta forma, o solucionador pode continuar a remover elementos desnecessários até encontrar a topologia ideal.
f) A última etapa, realizada pelo projetista, consiste em reconstruir a peça com base na geometria "ideal" - funcionalmente óptima, mas muitas vezes geometricamente muito complexa (numerosas zonas ocas interligadas) - e transformá-la numa "forma fabricável" adaptada aos diferentes condicionalismos do processo de transformação, nomeadamente.

Figura 38: Princípio da otimização topológica

O resultado da otimização topológica obtido por um software digital pode, por vezes, ser triangular e ter uma forma e uma geometria complexas que os processos de maquinagem convencionais não conseguem obter. Este facto facilita o fabrico destas peças através de processos de fabrico aditivo.

Esta ferramenta inovadora permite economizar material e tempo de fabrico, bem como melhorar e acelerar a conceção de produtos de elevado desempenho. Permite igualmente reduzir ao mínimo a conformidade e a massa. [17]. A otimização topológica pode também ser utilizada como parte de uma nova conceção "clássica", resultando em geometrias novas e melhoradas que substituem a conceção inicial.

De facto, a utilização de ferramentas de otimização topológica pode sugerir formas subversivas que o designer não teria pensado naturalmente.

2 Estudo de caso: Otimização topológica de uma prótese de joelho

2.1 Metodologia geral de trabalho

Esta parte está dividida em três fases:

- O primeiro passo é aplicar a análise estática ao implante antes da otimização topológica.
- Numa segunda fase, aplicamos a otimização topológica utilizando estruturas de treliça.
- A terceira fase consiste na validação através da análise estática.

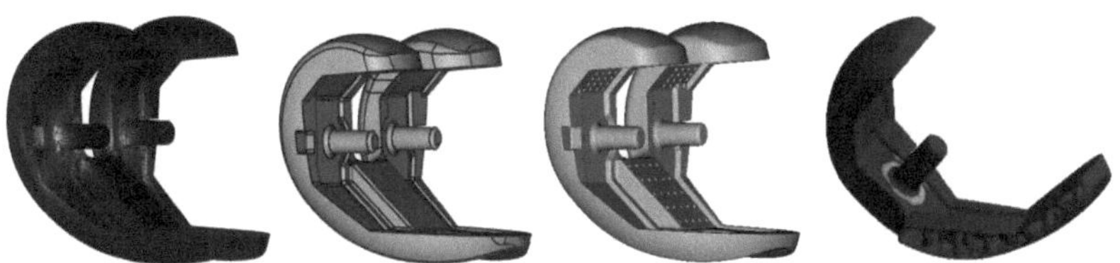

Figura 39: Fluxo de trabalho geral

2.2 Escolha do software

O software CAD não oferece esta função de otimização topológica, pelo que alguns editores desenvolveram software dedicado. Um dos pioneiros é, sem dúvida, a Altair, com a sua primeira solução OptiStruct, à qual se juntou mais tarde outra solução, a Altair Inspire. Outros incluem a Ansys, a Dassault Systèmes, a Autodesk e a nTopology.

Para a otimização topológica, escolhemos o software nTopology, que é um software de engenharia avançado, em rápido crescimento e revolucionário, cujo objetivo é criar um melhor sistema de desenvolvimento de produtos baseado em dados e física, tentando criar a próxima geração de ferramentas de design de engenharia para fabrico avançado, incluindo o fabrico aditivo. O objetivo mais importante desta escolha de software é o facto de o nTopology ser essencialmente concebido, como o seu nome sugere, para a otimização topológica utilizando diferentes métodos de aligeiramento de peças (estruturas de treliça, perfuração, etc.), além de integrar ferramentas de conceção, simulação e fabrico num único ambiente, capturando o conhecimento de engenharia e permitindo a automatização ao longo do processo. **[APÊNDICE 2]**

As análises estáticas são efectuadas com o software ANSYS.

2.3 Modelação geométrica

Uma prótese de joelho é constituída essencialmente por 3 componentes: a prótese da tíbia, a prótese do fémur e um encaixe.

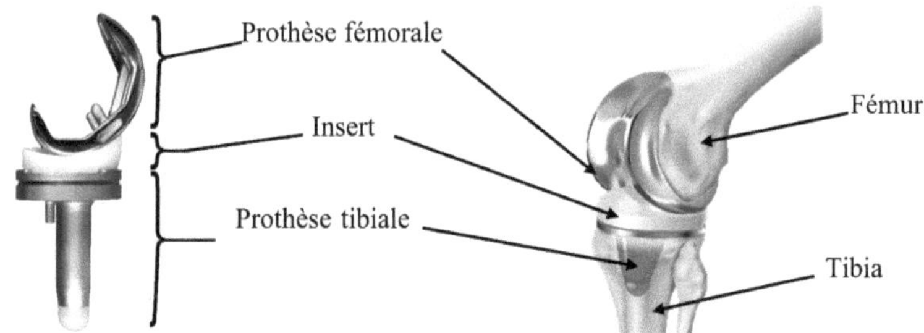

Figura 40Os componentes de uma prótese total de joelho

O modelo geométrico CAD concebido pelo CATIA V5 foi importado do GRABCAD. Como a peça é simétrica, decidimos aplicar a análise estática antes e depois da otimização apenas a metade da peça.

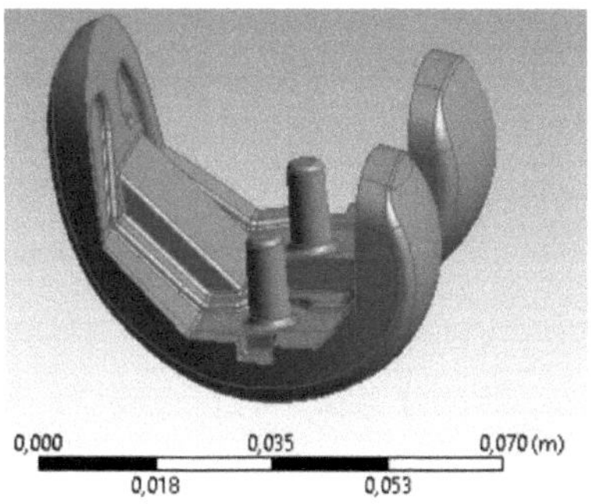

Figura 41Geração do modelo geométrico de um componente femoral de uma prótese de joelho

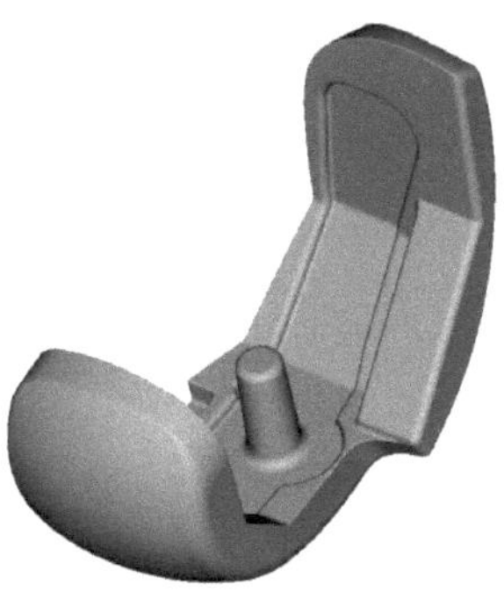

Figura 42: Metade da peça

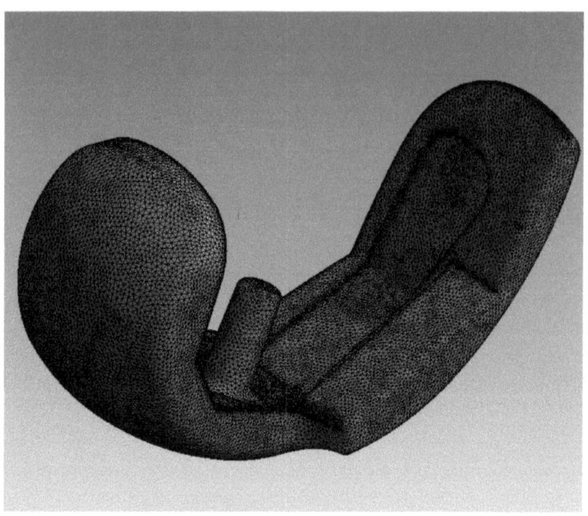

Figura 43Malha do modelo CAD do componente femoral

Mesa 14 Resultados da malha

Tipo	Triangular
Número de nós	208699
Número de elementos	1185375

2.4 Condições de carga e limite

A articulação do joelho é uma estrutura complexa do corpo humano que está sujeita a uma carga crítica em simultâneo durante a realização de diferentes actividades físicas, como andar, correr, rodar, sentar, posições estáticas, etc...

Os estudos têm estimado de forma consistente que as forças de compressão máximas na articulação do joelho são 4 a 4,5 vezes o peso corporal durante as actividades diárias [18].

As formas cilíndricas representadas na figura a azul são fixadas por aderência à parte superior do joelho, e que a força aplicada nas duas superfícies (cor vermelha) é igual a 2200 ao longo do eixo z, (peso = 50kg).

Figura 44Forças e condições de fronteira aplicadas a uma metade do implante femoral (ANSYS)

2.5 Fluxo de trabalho nTopologia

A otimização topológica utilizando estruturas de treliça no software nTopology é realizada da seguinte forma:

- **Converter a parte importada num corpo implícito**

Depois de importar a peça CAD, convertemo-la para o formato implícito, que é uma forma única, poderosa e leve de definir, representar e alterar objectos tridimensionais utilizando uma função matemática simples para representar o sólido.

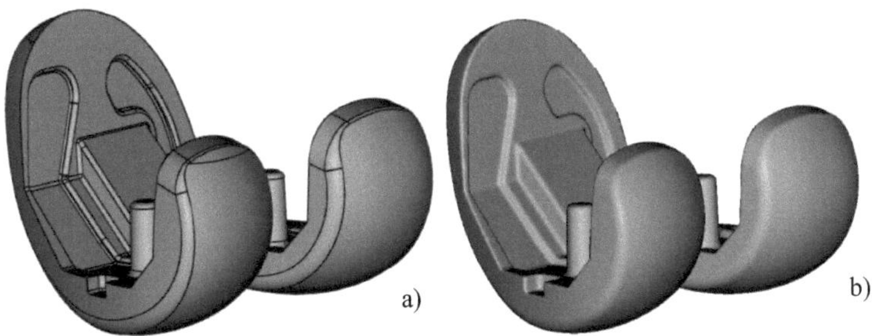

Figura 45 Modelo geométrico do implante: a) Formato explícito,b) Formato implícito

- **Redução do volume interno através de estruturas reticulares**

No nTopology, a aplicação de estruturas complexas em geral é bastante fácil e prática. No nosso caso, trabalhámos com um bloco chamado "Shell and Volume lattice", que consiste em desconstruir um corpo implícito e preenchê-lo com redes de volume.

Tabela 15: Parâmetro para o aligeiramento do implante

Corpo	O corpo implícito		
Tipo de ripa	cúbico centrado no corpo		
Tamanho da célula (mm)	10	10	10
Rotação	0	0	0
Espessura da ripa (mm)		1	
Espessura do casco (mm)		1	
Raio de mistura (mm)		0.5	

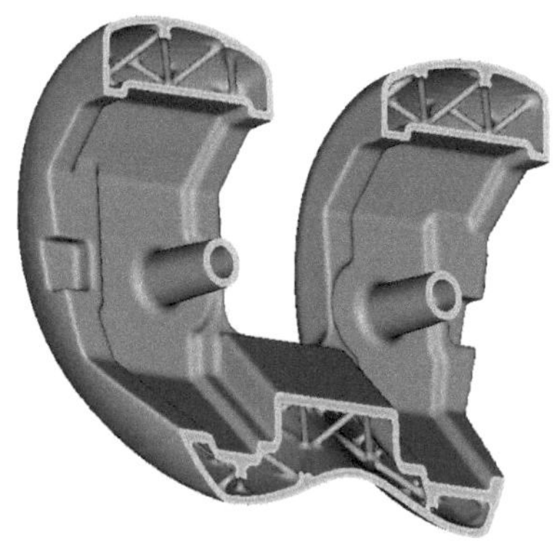

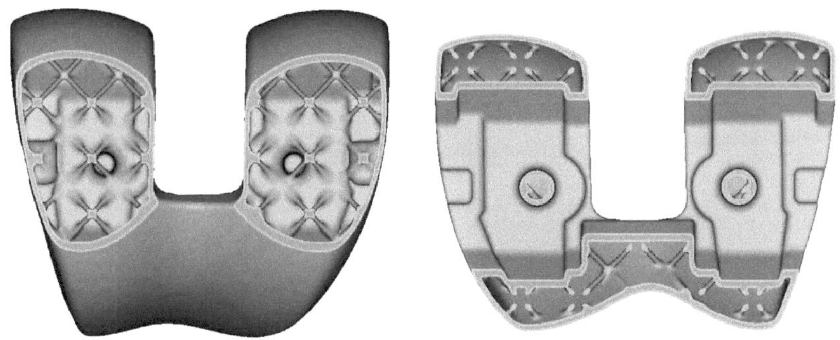

Figura 46: Secção transversal após iluminação interna

Após esta operação, o novo peso da peça será de 61,7971. Estas redes permitiram-nos aligeirar a peça em mais de metade.

- **Criação de eventos de descarga de pó**

Para poupar realmente peso, temos de ser capazes de remover o pó do material que permanece no interior da peça depois de esta ter sido impressa em 3D por fusão a laser num leito de pó, caso contrário, ficará cheia de pó não fundido. Para o conseguir, optámos por fazer perfurações nas faces da peça para guiar o material restante. Fig.59

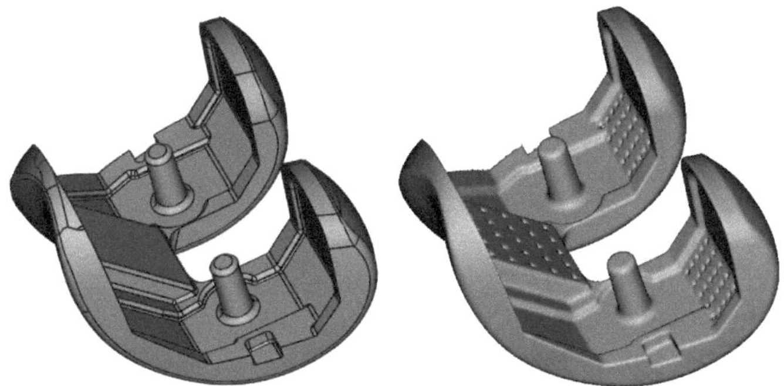

Figura 47: Peça após perfuração

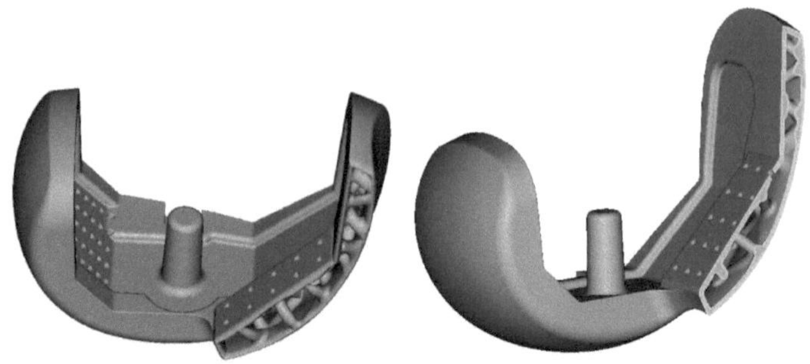

Figura 48: Metade da peça a exportar para análise

- **Exportação de peças: exportação de malha EF com conjuntos**

A exportação de uma peça com uma geometria complexa e muitos pormenores em formato CAD (STEP ou Parasolid) é uma das etapas mais importantes. Os passos a seguir são :

1. Escolha as faces nas quais a força e a condição de contorno são aplicadas
2. Gerar uma malha de EF (elementos finitos) para o modelo.
3. Utilizar o bloco **Exportar malha EF.**
4. Introduzir a malha e acrescentar os limites no campo **dos conjuntos**.
5. Atualizar o caminho de exportação da malha.
6. Selecione o tipo de ficheiro como **Ansys Mechanical Input (.cdb)**

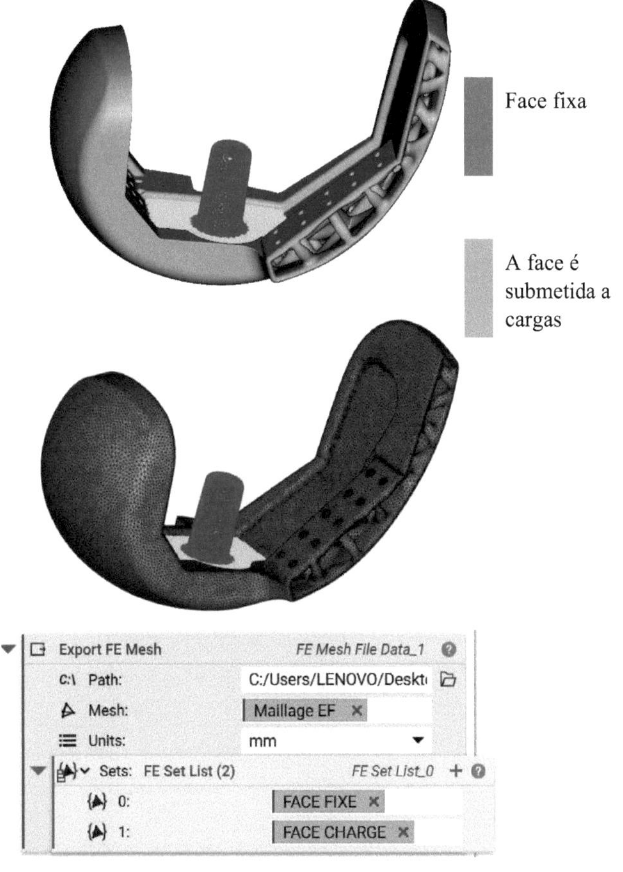

Figura 49: Etapas de exportação para a peça optimizada

- **Validação da peça após otimização topológica**

Depois de exportar a peça optimizada pelo nTopology no formato Ansys Mechanical Input (.cdb), esta deve agora ser importada para o ANSYS WORKBENCH utilizando a ferramenta "external model".

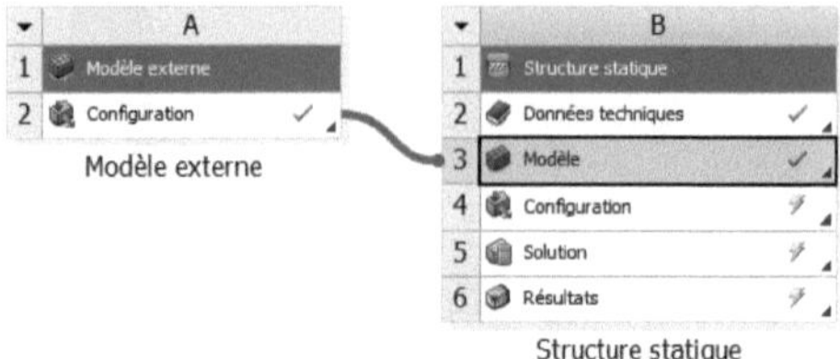

Em seguida, clique em **configuração** para modificar as propriedades do esquema do modelo externo (desmarque a verificação de validade do ficheiro CDB bloqueado).

Propriétés de Fichier - C:\Users\LENOVO\Desktop\final\nTop\fe mesh with sets FORCE BC.cdb

	A	B	C
1	Propriété	Valeur	Unité
2	⊟ Description		
3	Source d'application	MAPDL	
4	⊟ Définition		
5	Système d'unité	Metric (kg,m,s,°C,A,N,V)	
6	Traitement des composants nodaux	☑	
7	Clé de composant nodal		
8	Traitement des composants d'éléments	☑	
9	Clé de composant d'élément		
10	Traiter les composants de faces	☑	
11	Clé de composant de face		
12	Traitement des données du modèle	☑	
13	Traitement des éléments Mesh200	☑	
14	Vérifier la validité du fichier CDB bloqué.	☐	
15	Méthode de renumérotation des nœuds et des éléments	Automatic	
16	Type de transformation	Rotation et translation	

Figura 50: Configuração do modelo externo

Abra o modelo na estrutura estática e actualize-o para ver que a malha e os conjuntos são importados como selecções nomeadas.

Aplique condições de fronteira a selecções nomeadas utilizando EF Direto no friso Ambiente. Note que os conjuntos de nós apenas suportam condições de fronteira na lista pendente EF Direto.

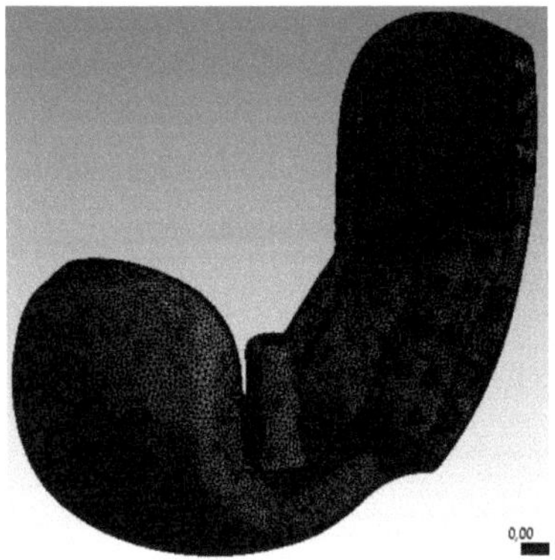

Figura 51: Malha de peças

Tabela 16: Resultados da malha no Ansys

Número de nós	285864
Número de elementos	1282327

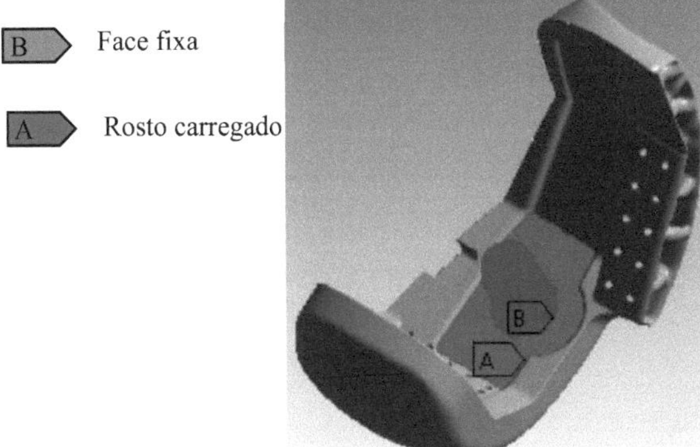

Figura 52: Aplicação de forças e CL

Podemos agora resolver a configuração do EF e adicionar os gráficos que pretendemos visualizar.

3 Resultados

3.1 Antes da otimização topológica

Após a aplicação dos passos anteriores, os resultados obtidos pelo ANSYS são apresentados de seguida.

- **Deslocamento em mm :**

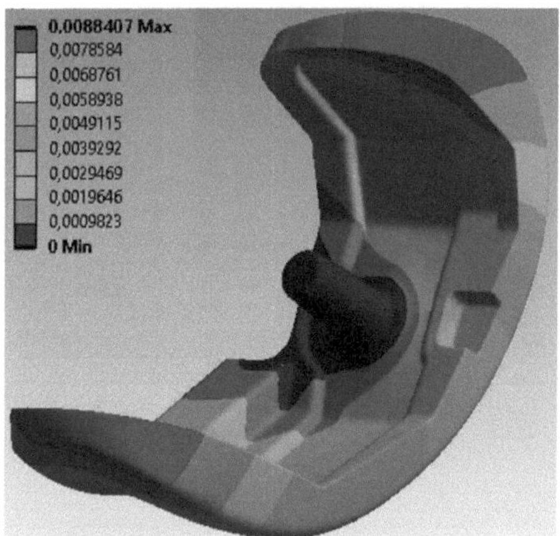

- **Tensão equivalente (Von Mises) em MPa:**

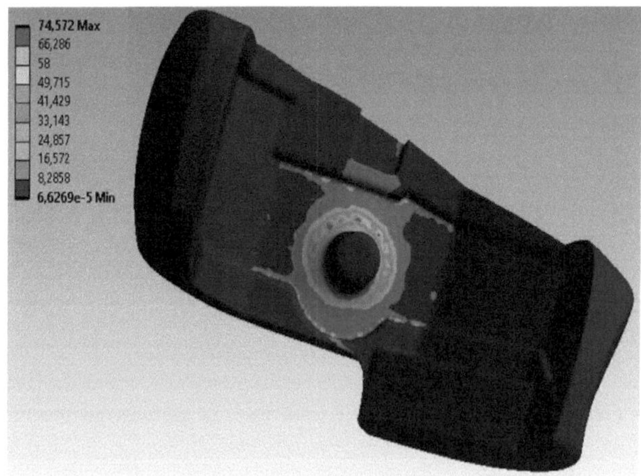

➢ **<u>Deformação :</u>**

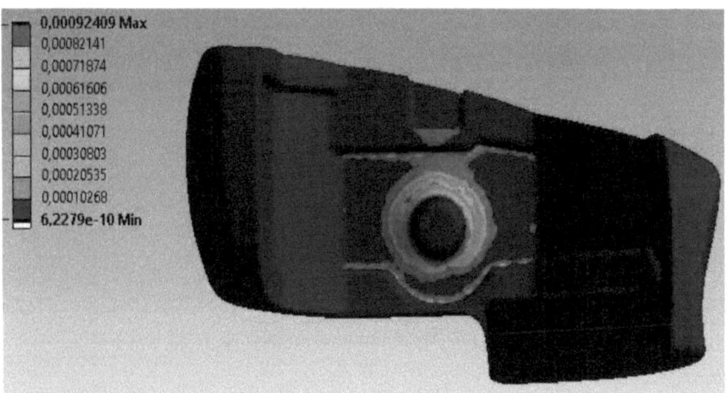

3.2 Após otimização

➢ **<u>Deslocamento em mm :</u>**

➢ **<u>Tensões equivalentes (Von Mises) em MPa :</u>**

➢ **<u>Deformação :</u>**

Os resultados da análise estática podem ser resumidos no quadro seguinte

Quadro 17: Comparação dos resultados antes e depois da otimização

		Peça antes da otimização	Peça após otimização
Von Mises(MPA)	Máximo	74,572	448,29
	Mínimo	$6{,}7076e^{-5}$	$5{,}1048e^{-5}$
Deformação	Máximo	$9{,}2409.e^{-4}$	$4{,}3619.e^{-3}$
	Mínimo	$6\,{,}3037.e^{-10}$	$8{,}8305.e^{-10}$
Deslocação total Max(mm)		$8{,}8407.e^{-3}$	$5{,}1446.e^{-2}$
Peso total (g)		154,3271	77,95

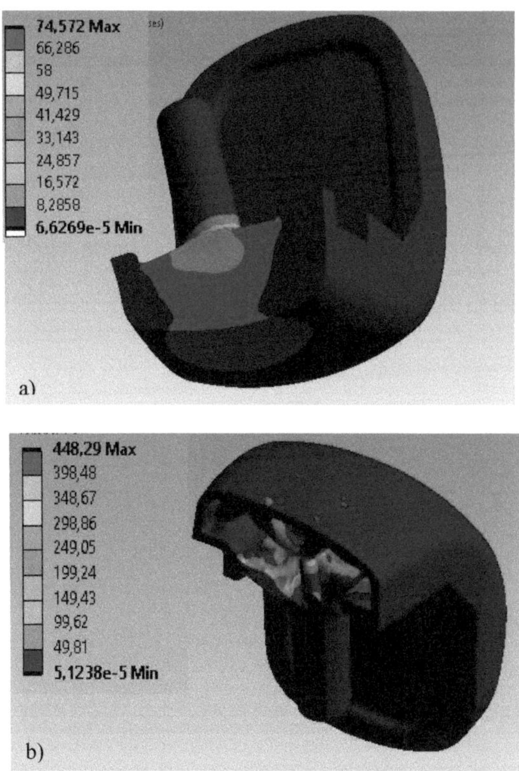

Figura 53: Distribuição de tensões no interior da peça a) inicial, b) optimizada

Inicialmente, as mesmas cargas e condições de fronteira são aplicadas a uma metade do componente femoral da prótese do joelho, como representado na Figura (63-71) pelas cores vermelha e azul, respetivamente.

Observando a distribuição de tensões, podemos dizer que as áreas afectadas na peça com as estruturas em rede diminuíram em comparação com as anteriores à otimização, especialmente na parte inferior da peça. No entanto, os valores máximos de tensão aumentaram significativamente, como mostra a Tabela 19.

4 Conclusão

O principal objetivo da otimização deste componente femoral é poupar material, mantendo os valores da tensão de Von Mises abaixo da tensão de cedência do titânio Ti6Al4V, que é igual a 863MPa [19] para que a peça permaneça dentro da zona elástica segura. Para a nossa peça femoral, ganhámos quase metade do seu peso inicial com um valor máximo de Von Mises abaixo do limite elástico do material, o que significa que a peça se encontra na zona elástica segura. Como resultado, a nova peça optimizada é bem feita.

CONCLUSÃO E PERSPECTIVAS

Finalmente, a investigação apresentada nesta dissertação permitiu-nos descobrir o tema da fabricação aditiva de metais, em particular o processo de fusão a laser num leito de pó conhecido como LBM / SLM. Este processo apresenta uma série de vantagens, como a flexibilidade geométrica, mas também algumas desvantagens, como a presença de tensões residuais, cujos efeitos devem ser reduzidos através da otimização dos parâmetros de impressão 3D ou da utilização de processos de pós-tratamento.

Um bom controlo do processo é importante para aumentar a qualidade das peças fabricadas, razão pela qual realizámos uma simulação digital do processo de fabrico aditivo de metais utilizando o software SIMUFACT ADDITIVE. Esta simulação foi efectuada sobre um implante médico, uma prótese de anca, fabricada a partir da superliga de titânio TI-6Al-4V. Os resultados da simulação permitiram-nos quantificar os níveis de tensão residual e de deformação no final da fase de fusão a laser das partículas metálicas.

A influência dos parâmetros do processo no estado final da peça impressa foi investigada através de um estudo baseado no método de conceção de experiências. Esta otimização fornece informações que podem ser utilizadas não só para uma melhor seleção dos parâmetros de fabrico, mas também para a eliminação de problemas e desafios dispendiosos no pós-processamento. Certamente, os resultados desta investigação ajudarão os utilizadores a melhorar a sua experiência do processo LBM/SLM, ou procedimentos semelhantes, através de aplicações práticas.

A aplicação do processo de fabrico de aditivos metálicos na impressão de dispositivos médicos implantáveis oferece uma vantagem no fabrico de implantes personalizados para pacientes com componentes mais leves após otimização estrutural ou topológica. Esta otimização estrutural com estruturas de rede foi aplicada a um componente femoral de uma prótese de joelho.

Com o objetivo de melhorar o desempenho e reduzir as distorções no processo SLM, há várias áreas de investigação e otimização que merecem ser exploradas.

Por exemplo, a simulação do processo de fabrico de aditivos metálicos inclui um número considerável de fenómenos termomecânicos e de transformações metalúrgicas. O estudo destes fenómenos é uma forma muito interessante de compreender o processo.

De um ponto de vista material, a modelização que criámos não tem em conta a entalpia de fusão durante a transição sólido/líquido do pó no momento da fusão a laser (software à escala microscópica), o que nos permite ter em conta uma vasta gama de escalas necessárias ao realismo da modelização.

Noutra perspetiva, a otimização topológica dos implantes médicos deve ser mais explorada através da utilização de estruturas de rede de superfície semelhantes aos tecidos internos do osso, a fim de aproximar o módulo de Young deste último. Esta otimização pode ter consequências para a morfologia das superfícies em contacto direto com o osso, de modo a obter uma osseointegração bem sucedida.

De um ponto de vista numérico, seria muito interessante realizar uma análise do comportamento à fadiga policíclica das peças optimizadas utilizando o software Ncode DesignLife, a fim de prever a duração de vida destes componentes e o nível de danos durante a aplicação destes implantes médicos.

REFERÊNCIAS

[1] Horvath J., "A Brief History of 3D Printing. Mastering 3D Printing", 2014.

[2] W. H. charles, "Apparatus for Production of Three-Dimensional Objects by Stereolithography" (Aparelho para produção de objectos tridimensionais por estereolitografia). Patente dos EUA 4,575,330, 1986.

[3] MR B. ,. E. F. ,. S. G. Ali Foroozmehr, "Simulação de elementos finitos do processo de fusão selectiva a laser considerando a profundidade de penetração ótica do laser no leito de pó", *SCIENCES DIRECT,* 2015.

[4] "3Dnatives", [Online]. Disponível: https://www.3dnatives.com/titane-impression-3d-ti6al4v-09022021/#.

[5] R. P. v. Julie, "Determinação das propriedades térmicas da liga Ti-6Al-4V para o estudo do cisalhamento adiabático," in *Congrés Français de Thermique*, 2016.

[6] "MatWeb Ligas de titânio", [Online]. Disponível: http://www.matweb.com/search/datasheet.aspx?bassnum=MT0001&ckck=1.

[7] L. L.Van Belle, "Análise, modelação e simulação do início da tensão na fusão metálica a laser", *Hal,* 2013.

[8] A. AGOUZOUL, "Novos métodos numéricos para a simulação da impressão 3D métálica", 2020.

[9] CETIM, Fabrico aditivo de metais - Os fundamentos, CENTRE TECHNIQUE DES INDUSTRIES MÉCANIQUES (Cetim), 2019

[10] G. Lefevre, "Simufact Additive simulation software," A3DM Magazine, [Online]. Disponível: https://www.a3dm-magazine.fr/news/logiciels/logiciel-simulation-simufact-additive.

[11] I. A. Roberts, INVESTIGAÇÃO DE ESTRESSÕES RESIDUAIS NA FUSÃO LASER DE PÓS METÁLICO NA FABRICAÇÃO DE CAMADAS ADITIVAS, 2012.

[12] V. CHASTAND, "Etude du comportement mécanique et des mécanismes d'endommagement de pièces métalliques réalisées par fabrication additive," HAL , 2016.

[13] deloitte, "challenges of additive manufacturing", 2019.

[14] a. h. azman, Método para a integração de estruturas de treliça no projeto de fabrico aditivo, HAL , 2017 .

[15] P. RENARD, "Fabrico aditivo: rumo a implantes de titânio-cerâmica mais eficientes?" 2018. [Online]. Disponível: https://www.devicemed.fr/dossiers/materiaux/metaux/fabrication-additive-vers-des-implants-plus-efficaces-en-titane-ceramique/15075.

[16] A. C. ,. D. G. ,. H. j. ,. C. S. C. Emanuel Sachs, "Textura de superfície por impressão 3D".

[17] Y. Louvigny, J. Nzisabira, B. Meunier e P. Duysinx, "Otimização topológica e fabrico aditivo, melhorando a cadeia de conceção", 2015.

[18] I. M. VENKATA PAVAN KUMAR, "DESIGN AND STRUCTURAL ANALYSIS OF KNEE IMPLANTS USING DIFFERENT MATERIALS," *INTERNATIONAL JOURNAL OF ADVANCE SCIENTIFIC RESEARCH AND ENGINEERING TRENDS,* 2020.

[19] R. Sepe, S. Franchitti, R. Borrelli, F. Di Caprio, E. Armentani e F. Caputo, "Correlação entre a geometria real e o comportamento mecânico de tração para espécimes finos fundidos por feixe de electrões Ti6Al4V," 2020.

[20] R. Ponche, "Metodologia de conceção para fabrico aditivo, aplicação à projeção de pó", 2013.

[21] "Princípio do fabrico aditivo por fusão a laser", [Em linha]. Disponível: https://www.a3dm-magazine.fr/.

[22] G. Lefevre, "Os fundamentos do fabrico de aditivos metálicos", 2021. [Online]. Disponível: https://www.a3dm-magazine.fr/.

[23] "what is additive manufacturing fa", [Em linha]. Disponível: https://www.farinia.com/fr/blog/quest-ce-que-la-fabrication-additive-fa.

[24] F. S. D. por Floriane LAVERNE, "Fabrico aditivo - princípios gerais," *Techniques de l'Ingénieur ,* 2016.

[25] Aubert&Duval, "TA6V," [Em linha]. Disponível: https://www.aubertduval.com/results/.

[26] "Tratamento térmico de titânio e ligas de titânio," [Online]. Disponível: https://www.bodycote.com/.

[27] S. MISCHLER, "Tribologie des prothèses de hanche," *Techniques de l'ingénieur ,* 2013 .

[28] T. D. Saúde, "prótese de anca", 2021. [Online]. Disponível: https://www.tunisiedestinationsante.com/prothese-de-la-hanche/.

[29] "Anatomia da anca da clínica Lambert", 2016. [Online]. Disponível: http://cliniquelambertphysio.com/conseils/hanche.

[30] "Anatomia da anca em ortostatismo", 2016. [Online]. Disponível: http://www.orthosudmontpellier.com/les-pathologies/hanche/anatomie-de-la-hanche.html.

[31] P. B. J. Castaing, Anatomie fonctionnelle de l'appareil locomoteur, Vigot, 1996.

[32] D. Kassab, "A Anca", 2021. [Online]. Disponível: http://www.orthokassab.com/chirurgie-prothese-totale-de-hanche-paris-traitement-arthrose-hanche-tunisie/.

[33] B. Vayre, "Conceção para fabrico aditivo, aplicação à tecnologia EBM", *HAL* , 2016 .

[34] A. B. ,. H. B. D. R. Ruyssen et al, "Contribuição para a modelação do processo de fabrico aditivo: fusão a laser em leito de pó", *HAL,* 2017.

[35] G. B. e. a. Benedek, "Física com exemplos ilustrativos da medicina e da biologia", 2000.

[36] A. B. B. S. Gasmi B. et al, "ANÁLISE DE ELEMENTOS FINITOS TRIDIMENSIONAIS DE ESFORÇOS EM PRÓTESES DE HIP TOTAL", *ResearchGate,* 2015.

[37] D. Cattan, "Técnicas artroscópicas. Próteses", 2008. [Online]. Disponível: http://www.arthroscopie.fr/hanche/procedure-chirurgicale. html.

[38] A. Hichem, "Biofuncionalidade de um par de biomateriais HDPE/cerâmica " aplicação numérica à associação cabeça, copo/cótilo "," 2019.

[39] K. M'hamed, "Simulation Numérique par la Méthode des Eléments Finis du Comportement Mécanique d'une Prothèse Totale de Hanche Fabriquée dans un Alliage à base de (Cr-Ni-Mo)," 2005.

[40] L. W. ,. B. H. H. H. e. B. H. M. HAMZA Samir et al, "DIGITAL SIMULATION OF JOINT PROSTHESES (HIP, ANKLE AND SHOULDER)," in *Application médicales de l'informatique nouvelle approche* , 2010.

[41] "Laser metal Fusion", 2021. [Online]. Disponível: https://www.trumpf.com/en_CA/solutions/applications/additive-manufacturing/laser-metal-fusion/.

[42] "Foco na fusão de pós metálicos a laser e suas aplicações", [Online]. Disponível: http://traitementsetmateriaux.fr/Archives-article/Fiche/1639/.

[43] D. A. M. Dr. Thierry Rouach, "Atualização do conceito de osseointegração", MARS 2010. [Online]. Disponível: https://www.lefildentaire.com/images/stories/articles2/clinic-format.continue-actualisation-concept-osteointegration/clinic-format.continue-actualisation-concept-osteointegration.pdf.

[44] Y. PAULIAT, "L. A. F. Additive, "Ensil mix."," 2013-2014. [Online].

[45] "blogue do metal", [Online]. Disponível: https://metalblog.ctif.com/2018/03/05/les-alliages-de-titane-pour-le-medical/.

[46] "3dnatives", [Online]. Disponível: https://www.google.com/imgres?imgurl=https%3A%2F%2Fwww.3dnatives.com%2Fwp-content%2Fuploads%2Fdentaire.jpg&imgrefurl=https%3A%2F%2Fwww.3dnatives.com%2Ffabrication-additive-dentaire-210220193%2F&tbnid=SMyQvrTXTFAh9M&vet=10CAMQxiAoAGoXChMImMTQlNSM9QIVAAAAAB.

[47] "Blogue da roseler", [Online]. Disponível: https://roslerblog.com/2019/10/29/joint-reconstruction-part-3-surface-finishing-standards/.

[48] O. ANSART, "Université du Maine", [Em linha]. Disponível: http://perso.univ-lemans.fr/~fcalvay/projetsmnrv/model_crash_abaqus.htm.

[49] A. W. G. a. H. G. Lemu, "Um estudo de caso sobre design optimizado por topologia para fabrico aditivo", 2017.

[50] H. M. Kamel, "MODELAGEM E SIMULAÇÃO DE UMA IMPLANTAÇÃO DE PRÓTESE DE HIP", 2019.

[51] D. J. Peter St. Clair, "DENTAL MATERIALS 101," JUNHO 2020. [Online]. Disponível: https://www.jpeterstclairdentistry.com/blog/dental-materials-101-2/.

[52] P. RENARD, "Fabrico aditivo de metal para resoluções inferiores a 15 µm", DeviceMed , SETEMBRO 2020. [Online]. Disponível: https://www.devicemed.fr/dossiers/sous-traitance-et-services/impression-3d-sous-traitance-et-services/fabrication-additive-metal-pour-des-resolutions-inferieures-a-15-%C2%B5m/24517.

[53] "Aplicações industriais da tecnologia de fabrico de aditivos metálicos Renishaw," Renishaw , [Online]. Disponível: https://www.renishaw.fr/fr/applications-industrielles-de-la-technologie-de-fabrication-additive-metallique-renishaw--15256#:~:text=La%20fabrication%20additive%20m%C3%A9tallique%20est,carburant%20et%20des%20aubes%20directrices..

APÊNDICES

APENDICE 01: PRÓTESE DO QUADRIL DE LARSON

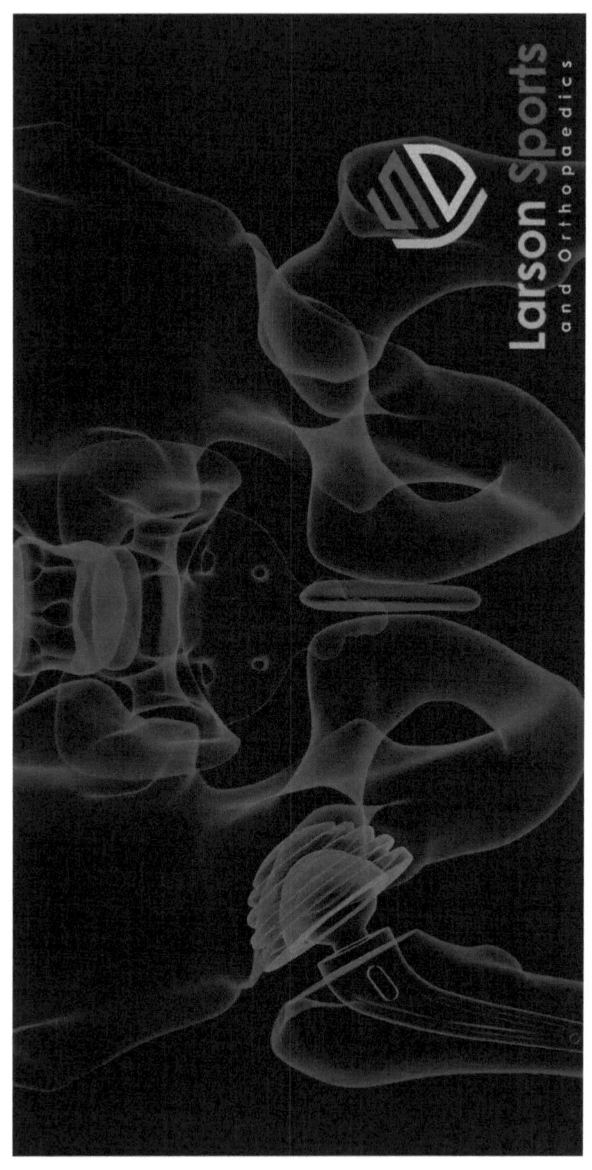

https://larsonsportsortho.com/

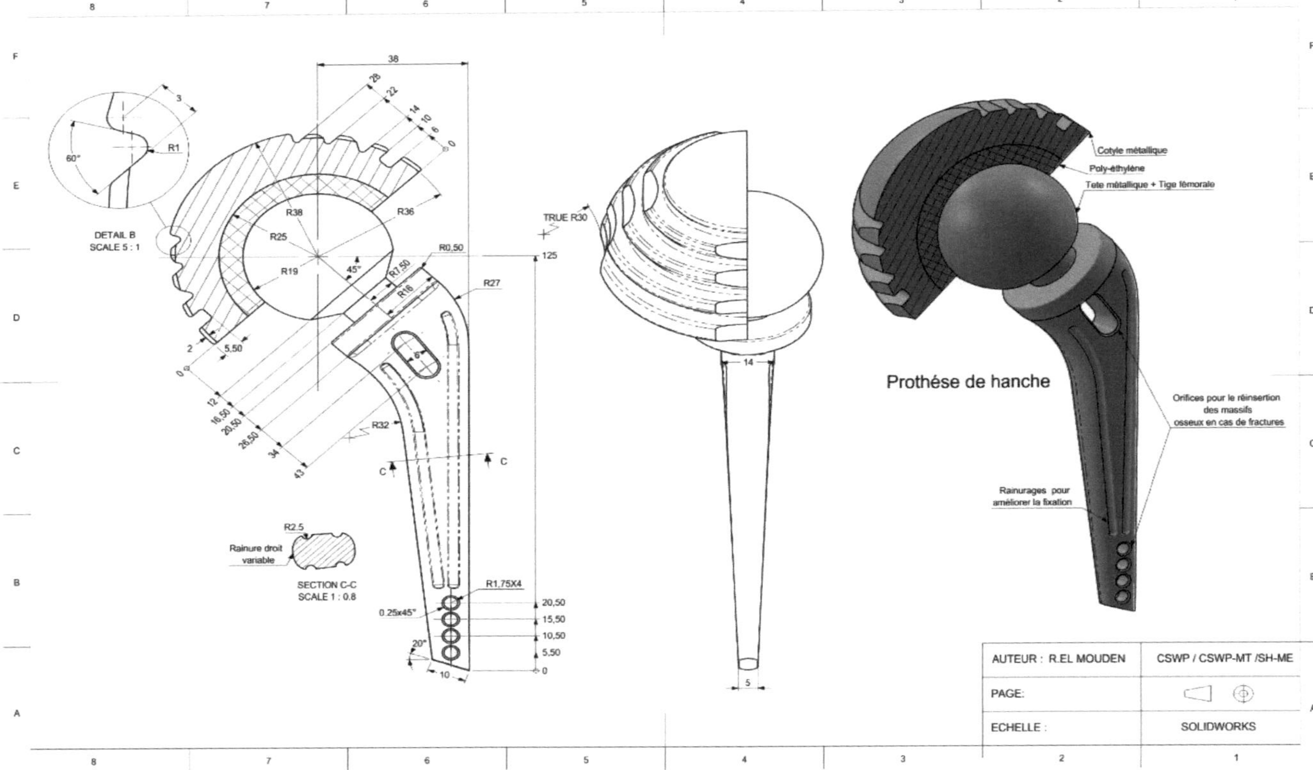
Prothése de hanche
Cotyle métallique
Poly-éthyléne
Tete métallique + Tige fémorale
Orifices pour le réinsertion des massifs osseux en cas de fractures
Rainurages pour améliorer la fixation
DETAIL B
SCALE 5 : 1
SECTION C-C
SCALE 1 : 0.8
Rainure droit variable
TRUE R30
AUTEUR : R.EL MOUDEN
CSWP / CSWP-MT /SH-ME
PAGE:
ECHELLE :
SOLIDWORKS

APENDICE 02: PROTESE DO JOELHO

A substituição total do joelho (TKR) envolve a substituição de partes danificadas da articulação por componentes artificiais. Os componentes são feitos de materiais que são particularmente resistentes ao stress mecânico e abrasivo. A osteoartrite é a causa mais comum de cirurgia de TKR. Esta patologia desgasta ou destrói completamente a cartilagem articular. O resultado é uma dor ao caminhar ou mesmo em repouso, o que reduz a qualidade de vida. O objetivo desta operação é reduzir esta dor e melhorar a mobilidade e a estabilidade do joelho.

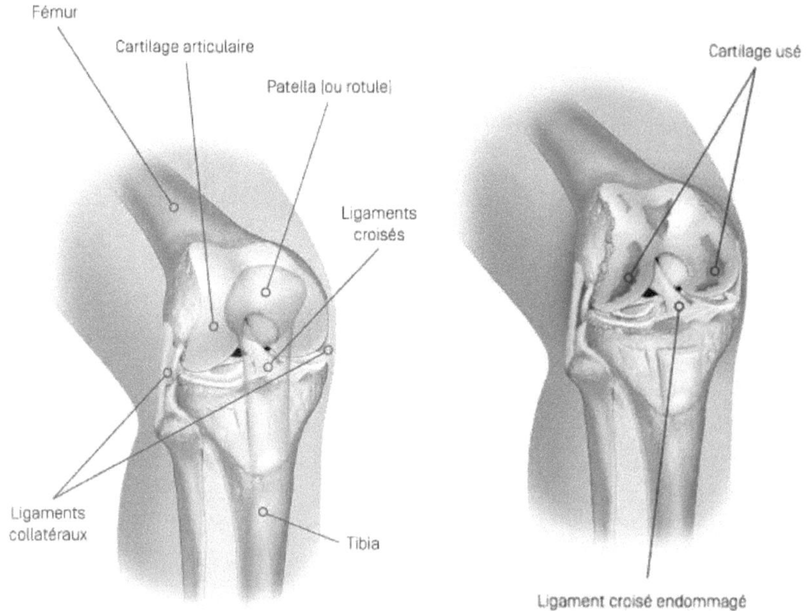

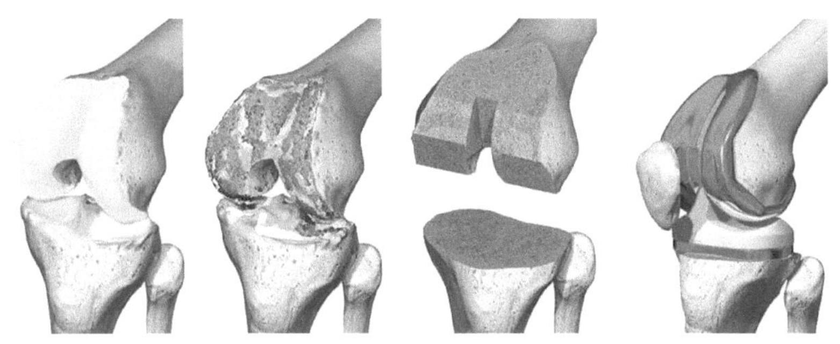

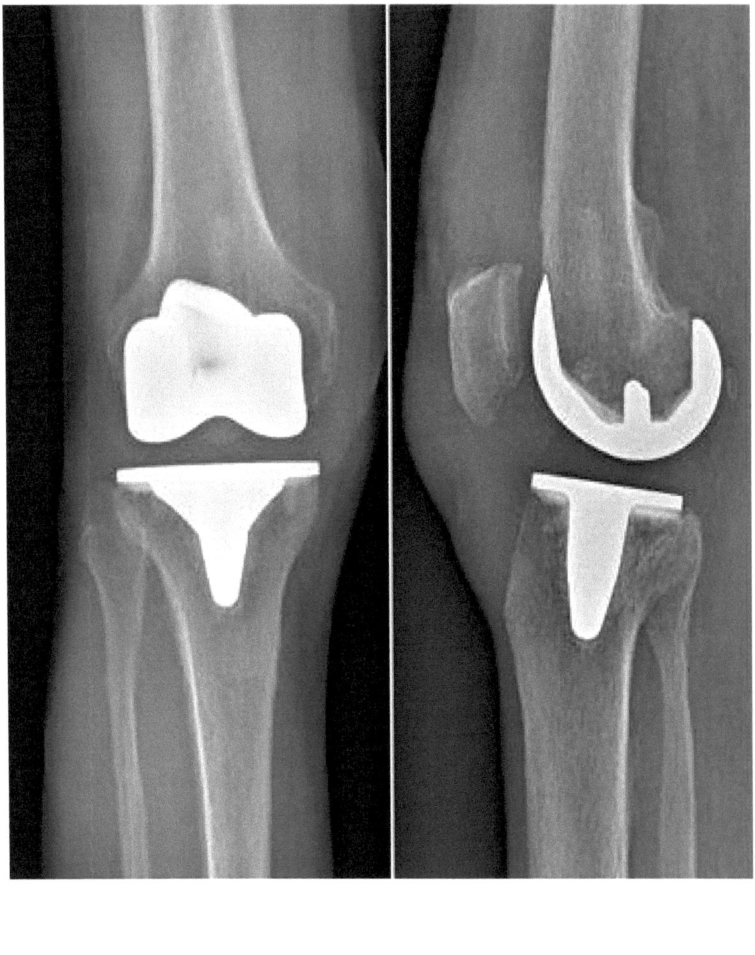

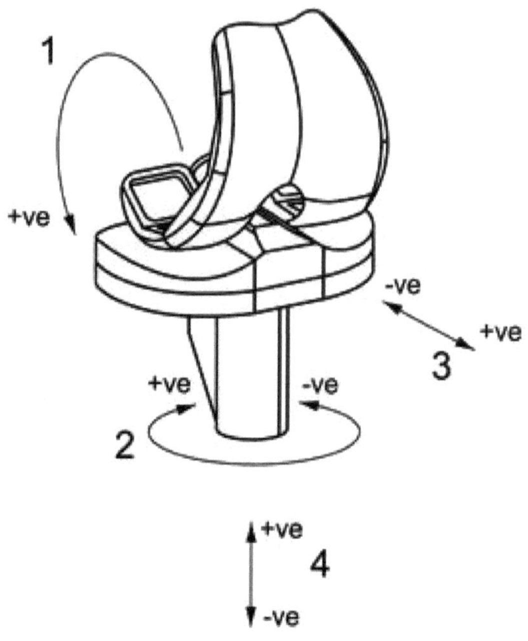
1
+ve
-ve
+ve
3
+ve
-ve
2
+ve
4
-ve

Printed by Books on Demand GmbH, Norderstedt / Germany